西南师范大学出版社

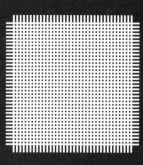

DESIGN AND PRODUCTION OF
SOFT DECORATION ART

软装饰艺术设计与制作

新世纪版/设计家丛书
ART&DESIGN SERIES

张海东 文红 编著

U0347662

国 家 一 级 出 版 社
全国百佳图书出版单位
西南师范大学出版社
XINAN SHIFAN DAXUE CHUBANSHE

序

■ 李

巍

21世纪是一个新的世纪，随着全球一体化及信息化、学习化社会的到来，人类已经清醒地认识到21世纪是"教育的世纪""学习的世纪"，孩子和成人将成为终身教育、终身学习的主人公。

21世纪是世界范围内教育大发展的世纪，也是教育理念发生急剧转变和变革的时代，教育的发展呈现出许多历史上任何时期都从未有过的新特点。

21世纪的三个显著特点，用三个词表示就是：速度、变化、危机。与之相对的应该就是：学习、改变、创业。

面对新世纪的挑战，联合国教科文组织下的"21世纪教育委员会"在《学习：内在的财富》报告中指出，21世纪是知识经济时代，在知识经济时代人人应该建立终身学习的计划，每个人应该从四方面建立知识结构：

1.学会学习；2.学会做事；3.学会做人；4.学会共处。

21世纪是一个社会经济、科技和文化迅猛发展的新世纪，经济全球化和世界一体化已成为社会发展的进程，其基本特征是科技、资讯、竞争与全球化，是一个科技挂帅、资讯优先的时代，将是人类社会竞争更趋激烈而前景又更令人神往的世纪。

设计是整个人类物质文明和精神文明的结晶，是一个国家科学和文化发展的重要标志，它不仅创造着今天，也规划着明天。

设计作为一种生产力，对推进一个国家或地区的经济发展有着重要的推动作用。正因为如此，设计也越来越受到世界各国的高度重视，成为社会进步与革新的一个重要组成部分，成为投资的重点。设计教育成为许多经济发达国家的基本国策，受到高度的重视。

设计教育是一项面向未来的事业，正面临着世纪转换带来的严峻挑战。

21世纪的艺术设计教育应该有新的培养目标、新的知识结构、新的教育方法、新的教育手段，以培养适应未来设计需求的新型人才。教师不应该是灌输知识、传授技能的教书匠，而应该是培养学生具有自我完善、自我教育能力的灵魂工程师。

知识经济中人力资源、人才素质是关键因素，因为人才是创造、传播、应用知识的源泉和载体，没有才能，没有知识的人是不可能有所作为的。可以说，谁拥有知识的优势，谁将拥有财富和资源。

未来的社会将是一个变化周期更短的，以信息流动、人才流动、资源流动为特征的更快的社会，它要求我们培养的人才具有更强的主动性与创造性。具有很好的可持续发展的素质，有创造性的品质和能力，已成对设计教育的挑战和新世纪设计人才培养的根本目标。

正是在这样的时代大背景中，在新的设计教育观念的激励下，"21世纪·设计家丛书"在20世纪90年代中期孕育而生，开始为中国的现代设计教育贡献自己的一份力量，受到了社会各界的重视与认同，成为受人瞩目的著名的设计丛书与设计品牌教材。

历经13个年头，随着时代的进步与观念的变化，丛书为更好适应设计教育的需求而不断调整修订，并于2005年进行了全面的改版，更名为"新世纪版/设计家丛书"。

"新世纪版/设计家丛书"图书品牌鲜明的特色体现在以下几个方面：

1. 系统性、完整性：丛书整体架构设计合理，从现代设计教学实践出发，有良好的系统性、完整性，选择前后连贯循序渐进的知识板块，构建科学合理的学科知识体系。

2. 前瞻性、引导性：与时代发展同步，适应全球设计观念意识与设计教学模式的新变化。吸纳具有时代前瞻性、引导性的新的观念、新的思维、新的视角、新的技法、新的作品，为读者提供一个思考的线索，展示一个新的思维空间。

3. 应用性、适教性：适应新的教学需求，具有更良好的实用性与操作性，在观念意识、编写体例、内容选取、学习方法等方面强化了适教性，为学生留下必要的思维空间，能有效地引导学生主动地学习。

4. 示范性、启迪性：丛书中的随文附图是书的整体不可分割的一部分，也是时代观念变化的形象载体，选择最新的更具时代特色与设计思潮变化的经典图例来佐证书中的观点，具有良好的示范性与启迪性。

5.可视性、精致性：丛书经过精心设计与精美印制，版式新颖别致，极具时代感，有良好的视觉审美效果。尤其是丛书附图作品的印刷更精致细腻、形象清晰，从而使丛书在整体上有良好的视觉效果，并在开本装帧上也有所变化，使丛书面目更具风采。

这次丛书全面修订整合工作，除根据我国高校设计教学的实际需要对丛书的品种进行了整合完善外，重点是每本书内容的调整与更新，增补了具有当今设计文化内涵的新观念、新思维、新理论、新表现、新案例，强化了丛书的"适教性"，使培养的设计人才能更好地面向现代化、面向世界、面向未来，从而使丛书具有更好的前瞻性、引导性、鲜明的针对性和时代性。

丛书约请的撰写人是国内多所高校身处设计教学第一线的具有高级职称的教师，有丰富的教学经验，长期的学术积累，严谨的治学精神。丛书的编审委员会委员都是国内有威望的资深教育家和设计教育家，对丛书的质量把关起到了很好的保证作用。

力求融科学性、理论性、前瞻性、知识性、实用性于一体，是丛书编写的指导思想，观点明确，深入浅出、图文结合，可读性、可操作性强，是理想的设计教材与自学丛书。

本丛书是为我国高等院校设计专业的学生和在职的年青设计师编写的，他们将是新世纪中国艺术设计领域的主力军，是中国设计界的未来与希望。

新版丛书仍然奉献给新世纪的年青的设计师和未来的设计师们！

目录

Contents

　　软装饰艺术是一门非常宽泛的艺术形式，包括一切用软质材料制作完成的艺术品，从大型的装置作品到小巧的日用饰品，棉、麻、布、皮革等软质材料的艺术无处不在。近年来，软装饰艺术在我国发展迅速，有50多所高等院校开设了相关课程，一方面开展大量的教学和创作实践，另一方面进行学术理论的研究，同时，还积极开展国际学术交流。

　　软装饰艺术设计是一门实用性很强的课程，学生们对这门课程也有很高的热情与兴趣。本教材基于在教学中积累的经验，以中外艺术家、设计师以及学生的优秀案例分析为主导，探索软装饰艺术的表现方法及其造型规律，发掘软装饰艺术形态的独特结构和表现语言。

　　本教材在课程设置上，遵循由简到难、循序渐进的规律。着重强化造型和材料技能训练，引导学生感悟材料的特性，注重艺术思想和观念表达，通过大量的实践操作，培养学生的创意思维和制作技巧。本教材的每章都是由专业的理论知识、大量的示范图片和优秀案例评析组成。通过理论讲解，让学生了解各种工艺的发展、变革及现状，理解立足传统文化、发扬创新精神的必要性；通过观摩示范图片，让学生深刻体会作品的内涵和手工文化的精神；通过优秀案例评析，引导学生更好地进入实践和实训的过程中，从而获得一种驾驭材料、表达思想、寄托感情的自由。本书可作为高等艺术院校专业教材，也可供从事室内设计和软装饰艺术品设计工作的业务人员参考。

　　在本书即将付梓出版之际，我要衷心感谢西南师范大学出版社的王正端老师，是王老师以极大的耐心和热情支持我完成了这本教材；感谢本教材中选用的优秀案例的相关艺术家和同学们，是你们的作品开拓了我们的视野，拉近了我们与软装饰艺术之间的距离；感谢我的导师——清华大学美术学院林乐城教授，您的言传身教使我终身受益！感谢西南师范大学出版社的全体工作人员为本书的顺利出版提供的诸多帮助！

一、软装饰艺术的基础知识

1.软装饰

所谓软装饰，一般是指建筑室内空间装修完毕之后，利用那些易更换、易变动位置的饰物与家具，如窗帘、沙发套、靠垫、工艺台布及装饰工艺品、装饰铁艺等，对室内进行二度陈设与布置。"软装饰"可以根据居室空间的大小和形状，主人的生活习惯、兴趣爱好和经济情况，从整体上综合策划装饰装修设计方案，以体现出主人的个性品位，而不会"千家"一面。如果家装太陈旧或过时了，需要改变时，也不必花很多钱重新装修或更换家具，就能呈现出不同的面貌，给人以新鲜的感觉。

对于软装饰这个行业，很多人都觉得陌生，甚至很多人到现在还不清楚"软装饰"指的是什么。软装饰虽然是一个新兴的行业，但将来会是一个有巨大市场的行业，前景十分广阔。

室内软装饰艺术兴起于现代欧洲，也被称为装饰派艺术，又称"现代艺术"。它发展于20世纪20年代，随着历史的发展和社会的不断进步，在新技术方兴未艾的背景下，社会大众的审美意识普遍觉醒，人们回归自然的情结也在日益强化。经过10年的发展，于30年代形成了声势浩大的软装饰艺术。图1-1和图1-2的图案呈几何型或由具象形式演化而成，所用材料丰富，以贵重材料居多，除天然原料(如玉、银、象牙和水晶石等)外，也采用一些人造物质(如塑料，特别是酚醛材料、玻璃以及钢筋混凝土等)。其软装配饰的典型主题有裸女、动物(尤其是鹿、羊)、阳光等，体现了受自然的启迪以及对美洲印第安人、埃及人和早期古典主义艺术的借鉴。软装饰艺术在二战时已不再流行，但从60年代后期

图1-1 法国上萨瓦省阿斯教堂奥比松壁毯《天君》让·吕尔萨 1947年

它又重新引起了人们的注意，并获得了复兴，现在软装饰已经发展到了比较成熟的阶段。

2.软装饰艺术

软装饰艺术首先是一种材料的艺术，各种软质材料的独特运用是其重要的语言特征。随着科技的高速发展，许多新材料的出现为软装饰艺术的创作提供了更多的可能性。而材料的自身特质又影响着工艺技法的表达，因此材料选择和工艺表现是创作者首先需要思考的。只有充分发挥材料的独特魅力，才能表达出作者的创作理念。其次，软装饰艺术并不是独立存在的，它融合了建筑、雕塑、绘画、工业造型等诸多艺术形式的创作因素，综合性的表现为人们带来了全新的视觉感受。（图1-3~图1-5）

软装饰艺术涵盖了任何可使用的软质材料为媒介进行设计制作的艺术作品。在设计理念上以现代艺术观念为主导，不仅关注时代性、观念性的表达，还注重对材料本身特性的探索及与现代建筑室内空间的结合。软装饰艺术形式和过程的实验性、创造性是独一无二的、不可复制的，是现代艺术观念、现代生活方式与传统工艺相结合的视觉表达形式。（图1-6、图1-7）

图1-2 吕尔萨进行奥比松壁毯设计

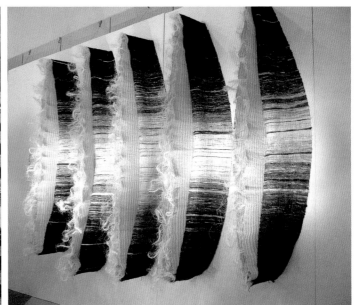

图1-3《月下的瀑》韩丽英 2002年

图1-4《原始惑星系》八木真理代

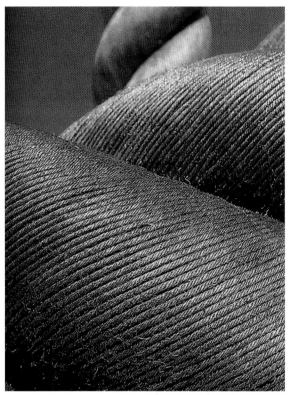

图1-5《原始惑星系》局部 八木真理代

图1-6《根深蒂固》林乐成 北京弘彧大厦大堂 2004年

图1-7《巢》邱蔚丽

图1-8《月光》福本潮子

软装饰艺术主要是通过软质材料进行造型表现和情感表达的艺术。探求身边的软质材料，运用各种艺术手段，表达艺术家对社会、自然和艺术的思考，这就是软装饰艺术存在的价值。软装饰艺术在不同国家、不同地域的文化背景下，经历着由传统文化至现代文化的传承、交融和演变的过程，呈现出文化互动的繁荣景象。软装饰艺术以其材料、形态和艺术风格的多样性，构成了现代软装饰艺术的基本特征，并越来越多地走进现代室内空间。（图1-8）

二、软装饰艺术的功能特点

软装饰艺术的表现形式与创作领域无限广阔，从平面到立体，从具象到抽象，从观念到装置，从地面到空间，从室内到室外……使其不断呈现出新的面貌，显示出其独有的视觉美、材料美和触觉美的装饰艺术魅力。

软装饰艺术是集实用功能与审美价值于一体的艺术形态，特定材质的运用和表现形式的多样化，使软装饰艺术独具平面性、立体性及空间性诸多造型特点。软质材料的创造与运用涉及艺术设计的各个领域，如建筑、服饰、家具、灯具、书籍装帧、工业造型等，这些软装饰作品与纯艺术品相比最大的区别是它们除了具有观赏性之外还具有实用性。软装饰艺术品可美化人们的生活环境，不仅给人们带来视觉上的美感，更具有御寒、保暖、吸光、隔音的实用价值，带来温馨、亲和、舒适的综合享受。软装饰艺术作品与人们的生活情感密切相关，其特质超越了绘画、雕塑和其他艺术形式的功能范畴。加之其从造型到色彩、从题材到文化内涵都有非常广阔的表现空间，因而发展十分迅速，现已被广泛用于建筑空间的整体设计与居室的装饰中。现代社会快节奏的生活方式、激增的社会关系、紧张的工作环境，给人们带来了前所未有的压力，而软装饰艺术所具有的天然亲和力，能给人们以抚慰，并唤起人们对手工文化的向往。（图1-9、图1-10）

三、软装饰艺术与建筑空间及应用价值

软装饰艺术作为建筑环境的有机组成部分，所表现出来的艺术魅力成为连接人与建筑环境的纽带。近些年来，大规模的城市建设及人们对室内环境美化的需求不断提高，使得软装饰艺术的兴旺发展成为了必然。（图1-11）

图1-9 灯饰 Heath Nash（南非）

图1-10 《堇色年华》胡金黎 侯刚 张雷 乡村会所客厅

图1-11《环球通信》席拉·奥哈罗（美国）旧金山电话公司 1984年

软装饰艺术形态能促进室内空间"绿色"生态环境的建立，并增强公共视觉空间的人文意蕴。建筑室内环境有待于艺术家个体和社会群体在艺术观念与公共意识方面的拓展及提升，艺术家在传播艺术创作的过程中也应自觉关注公众对艺术的接受程度，应体现出对人类命运的关爱和生命价值及意义的终极关怀。尊重人、关怀人，一切以人的生命存在和生命活动为中心，这必然成为软装饰艺术理论和创作最根本、最重要的原则。处于现代社会中的人们，在充分享受大工业生产所带来的物质文明成果的同时，亦为摆脱不了机械的生活方式而深感困惑，人们面对的是千篇一律的、缺少个性表达的、极端商品化的世界。因此，人们更加向往田园般的诗意生活，现代人的"手工"情结和"怀旧"情绪越来越突出。东南大学艺术系张道一教授讲得好："对于生活日用，科技和工业化的程度越高，手工的东西便越珍贵，不仅是人们怀念失去的田园诗般的生活，主要是在手工制品上能够直接体味到人的智慧和力量。"

在建筑空间的陈设与装饰中，软装饰艺术独特的创作技法、丰富的肌理表现和深厚的文化底蕴，不仅使人们心旷神怡，还传达着一种新时期中的现代人所应怀抱的生活理想及处世态度。

软装饰艺术作品充满自然气息的材料质地和手工制作的韵味情调，唤起了人们对大自然的深厚情感，在一定程度上消除了现代生活中因大量使用硬质材料所带来的冷漠感和单调感，让"人情味"回归人间。（图1-12）

图1-12 日本某酒店壁饰

小结要点

软装饰艺术概述教程结合大量的范例图片，将软装饰艺术中具有代表性的编织工艺、刺绣工艺、拼布工艺、皮革工艺和综合表现技法进行分类讲解，便于学生领会接受。

为学生提供的思考题

软装饰和软装饰艺术的区别。

阐述软装饰艺术的功能特点。

讨论软装饰艺术对现代建筑环境的影响及应用价值。

学生课余时间的练习题

讨论课程以外的软装饰艺术品种及其工艺特点。

发现并记录生活中的软装饰艺术。

为学生提供的参考书目

《纤维艺术》 林乐成，王凯著 上海画报出版社

《纤维艺术设计与制作》 任光著 河北美术出版社

单元作业

根据单元教学内容及任课教师通过多媒体教学、作品实物讲解等方式的讲授，完成一篇论文。

单元作业要求

1.论文不少于1000字。

2.阐述对软装饰艺术材质、工艺和造型特点等方面的理解。

3.论文内容叙述清楚、有自己的见解。

第二章

编织材料与工艺

一、编织材料

现代软装饰艺术即是材料的艺术，艺术家从自然与生活材料中汲取灵感，在发现材料美与表现材料美的过程中选择各种不同的制作手段进行平面或立体形象的塑造。从视觉和触觉的角度来看，软质材料的技术表现功能可以创造出与绘画、雕塑效果完全不同的造型、色彩及质地（图2-1、图2-2）。如何选择材料，用什么样的工艺手段来表达作者的思想、愿望、追求，这需要我们对软质材料的性能及工艺特点有充分的认识和掌握。就如同画家、雕塑家必须熟悉颜料、纸、布以及土、木、石、金属等材质性能，并熟练地运用画笔、雕刀等工具塑造形象一样，其重要性不言而喻。绘画说空间，雕塑讲量感，软装饰艺术则注重材质肌理与工艺细节的综合表现，应该说软装饰艺术的表现更具多样性，装饰效果更突出。（图2-3、图2-4）

软质材料范畴是十分宽泛的。只要我们善于去寻找、发现，可用的各种不同质地的软质材料无处不在，甚至唾手可得。除传统壁毯常用的丝、毛等动物纤维材料外，还有棉、麻、棕、竹、藤、柳、草、纸、皮革及大量的化学合成材料、金属材料等。如此之多的软质材料，如果我们不是有意识地去挖掘，它们就会淹没在众多材料之中以至被视而不见。一旦我们找到并认真地观察它们，就会发现这些材料都富有各种有趣的特质：粗糙与柔细、坚硬与松软、黯淡与艳丽、吸光与反光等，都呈现着材料本身各具特色的物质特征。美术教育家陶如让先生曾感言："触摸着充满纤维材料的作品，能够让你感受到大地与物质的存在。"（图2-5～图2-7）

图2-1 纸绳编织

图2-2 纸绳编织（局部）

图2-3《静语》局部 陈瑾

图2-4《静语》陈瑾

图2-5 《中华根》郭振宇 山东特殊教育学校创作团队

图2-6 《棕一迹》韩朝晖

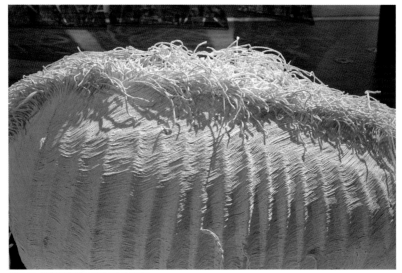

图2-7 《繁花似锦》韦万里 杨伟庆

具有各种迥异性能的软质材料，对视觉和情感都产生着直接的影响。如棉麻与蚕丝相比，前者质地粗糙具有厚重感，后者质地细润具有轻柔感；羊毛与金属相比，前者质地轻软具有温暖感，后者质地光滑具有冰冷感。有了对材料物质的感知性认识(即从视觉与触觉中识别与选择)，才能使创作步入"因材施艺"或者"因艺施材"的自由天地。成功艺术家的经验告诉我们：一个善于创作的人，必须能够巧妙地将材料特性注入创作过程中去。(图2-8～图2-10)

图2-8《伤秋》刘君

图2-9《伤秋》局部 椰壳 麻线

图2-10《伤秋》局部

图2-11 《春秋》基维·堪达雷里

材料质地往往决定着软装饰艺术的表现手法，并直接影响其创作的形式语言，没有形式语言组织的材料会黯然失色。以高比林为例，这一传统工艺的主要材料就是羊毛，经过处理后的毛线，色彩缤纷，且色牢度很强。将色线纳入经线交织，横织竖累，并列上升逐渐产生编织的基本运动，在编织过程中逐渐形成了造型，而其造型若是以游离着的色彩组成，势必给人以流畅、飘逸的感觉；而当我们运用弧线的变化织法，其造型特征及画面效果便呈动荡起伏之状。这些特殊的效果虽与编织技法有着直接的关系，但更主要的是因为质地松软的毛线本身具有可直可曲、可平可斜、可深可浅、可实可虚等美的特质。它不仅使高比林的造型千变万化，而且也为纤维艺术各种表现形式的探索和更多的表现手法提供了可能，这便是我们认识材料的意义所在。（图2-11～图2-13）

图2-12 《春秋》局部

图2-13 《织晓》郑丹

1.毛纤维

现代纤维艺术最常用的材料是动物毛纤维。它细软而富有弹性，强韧耐磨，并具缩绒特性，是理想的编织原料。用于纤维编织的动物毛首选是绵羊毛，其次是山羊毛。绵羊毛和山羊毛的纤维呈波浪形卷曲，经梳纺捻纱后更易于染色与织作。羊毛织物的纤维具有温暖、厚重的特性。此外，其他常用毛纤维还包括驼毛、牛毛、马毛、兔毛等。

羊毛的表面覆有鳞片层，其作用是保护羊毛不受外界损害，鳞片排列的不同，对羊毛的光泽和滑涩有很大影响。粗毛的鳞片呈龟裂状且覆盖较稀，因此表面较光滑，光泽感强。如马海毛（又称安格拉山羊毛）因其覆盖在毛干上的鳞片大而平滑，并互不重叠，故光泽感很强。细毛则因鳞片呈

环状覆盖且紧密，所以反光小，光泽柔和。羊毛沿长度方向有自然的周期性弯曲，称为卷曲。羊毛的卷曲形态不尽相同，有大有小，有强有弱。卷曲是羊毛的重要品质，可使毛纱具有较好的柔软性和弹性。卷曲排列越整齐，毛被越能形成紧密的毛丛结构，可以更好地预防外来杂质和气候的影响，羊毛的品质也就越好。羊毛具有缩绒的特性，其产生的直接原因在于定向摩擦效应、卷曲以及柔软性和弹性：首先，表面鳞片的存在，使羊毛具有定向摩擦作用；其次，羊毛的卷曲使羊毛的运动是无规则的，它使毛纤维之间互相缠结，穿插纠缠；再次，由于羊毛本身具有高度的拉伸和回缩性，当受到外力作用时，纤维会反复穿插、蠕动导致卷缩和缠绕，从而形成致密且不易散开的集合体。许多纤维艺术家利用羊毛缩绒的特性并借助于湿热条件、化学试剂及机械外力的作用，把松散的毛纤维进行造型塑造，从而使其成为具有独特审美效果的艺术作品。（图2-14、图2-15）

图2-14 原生羊毛

图2-15 羊毛栽绒

2.棉纤维

棉纤维是生长在棉植物种籽上的纤维，由棉籽表皮细胞延伸而成，呈细长而扁的管状，天然弯曲。其化学组成几乎是纯纤维素，仅含有少量果胶物质、蛋白质以及蜡质和脂肪。

棉纤维根据长度和细度可分为粗绒棉、细绒棉和长绒棉三类，都适于编织。粗绒棉是纤维短粗的原棉，原产于亚洲，特点是纤维弹性较强，但只能纺制大号（低号）棉纱；细绒棉是较细长的原棉，根据不同品质可纺不同号数（支数）的棉纱，世界各国广泛种植的陆地棉属于这个品种，我国所产原棉也绝大部分为细绒棉；长绒棉是纤维特别长而细的原棉，著名的海岛棉属，纤维断裂强度极大，适于纺小号（高支）纱和特种工业用纱。

棉纤维有很高的强度，很好的柔软性，其纺成的棉纱线有捻度高、拉力强、弹性好、耐高温、耐腐蚀等特性，特别是有极高的耐碱特性以及绝缘性，是传统壁毯的辅助材料。纤维艺术家可以选择粗细不同的棉线作经线进行创作，棉线越细，挂得越密，织出的纹理与造型则越精细平整，反之则易表现较粗犷的肌理效果。粗长绒棉绳及布条经染色后织作的壁毯具有平整、轻盈之感。在现代纤维艺术作品中，棉线与其他纤维混合被大量运用于作品的创作，充分显示出其特殊的材质美。（图2-16）

3.丝纤维

丝纤维分桑蚕丝、柞蚕丝和绢丝三种类型。桑蚕丝大都是白色，光泽良好、手感柔软；柞蚕丝一般呈淡褐色，弹性好、光感强；绢丝是经绢纺工艺特殊加工而成的真丝产品，具有光泽润美、质地细柔的特性。做工精湛的丝织壁挂给人以富贵、华丽之感，其加工原料主要为蓖麻蚕丝、木薯蚕丝、樟蚕丝、柳蚕丝和天蚕丝等。蚕丝耐酸不耐碱，其耐酸碱性均比羊毛弱，另外蚕丝的耐光性较差，日光照射下容易泛黄。但同类中柞蚕丝的耐酸碱性与耐光性均要比桑蚕丝好，在同样的酸碱或日照强度下，其损失较轻。（图2-17、图2-18）

图2-16 棉线

图2-17 化纤丝线

图2-18 丝线的质感

4.麻纤维

植物纤维材料在现代纤维艺术中的应用日益增多，尤以麻类纤维最受青睐。麻类纤维一般强度很高，拉力极强，对细菌和腐蚀的抵抗性能很高，抗弯刚度强，伸长率较小，粘着力小，不易腐烂，具有吸湿、快干等特性。

麻纤维是从各种麻类植物提取得到的纤维，包括一年生或多年生草本双子叶植物皮层的韧皮纤维和单子叶植物的叶纤维。韧皮纤维主要有苎麻（白麻）、亚麻、罗布麻、黄麻、洋麻（槿麻、红麻）等。其中苎麻、亚麻、罗布麻等细胞壁非木质化，纤维的粗细长短同棉相近，可作纺织原料，织成各种凉爽的亚麻布、夏布，也可与棉、毛、丝或化学纤维混纺；黄麻、洋麻等韧皮纤维胞壁木质化，纤维短，只适宜纺制绳索和包装用麻袋等。叶纤维主要有蕉麻、剑麻、凤梨麻等，比韧皮纤维粗硬，只能制作绳索等。麻类纤维还可作为制取化工、药物和造纸的原料。我国各类麻纤维资源丰富，其中苎麻尤为著名。

麻纤维由胶质粘结成片，制取时需除去胶质，使纤维分离，即脱胶。苎麻和亚麻可分离成单纤维，黄麻纤维短，只能分离成适当大小的纤维束。麻纤维由两端封闭的纺锤形细胞构成，都有中腔，其截面形状因麻类的种类而异，如腰圆形（苎麻）、三角形（亚麻）、多角形（黄麻）等。麻纤维的主要组成物质是纤维素，其纤维素含量比棉低，耐酸碱性与棉相同。（图2-19～图2-21）

图2-19 染色后的苎麻线

图2-20 麻线编织1

图2-21 麻线编织2

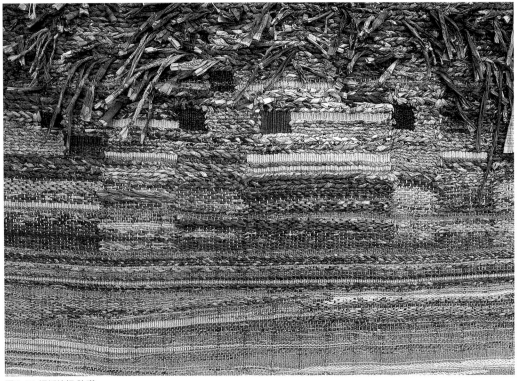

图2-22 报纸编织 陈瑾

图2-23《千江雪》刘辉

5.纸

纸是汉族劳动人民的一项伟大发明,是汉族劳动人民长期经验的积累和智慧的结晶。纸是用于书写、印刷、绘画或包装等的片状纤维制品。

纸的原材料为植物纤维,从树木、芦苇、麻棉等植物中提炼并加工可制成纸浆、纸张、纸绳等。其自然材质的真实感、随意和谐来自天然原始的特性,具有亲和感,一些艺术家偏好以纸为材料进行创作,纸的色彩丰富、质地柔软、气息自然、肌理丰富等特质使作品呈现出独具一格的艺术魅力。

纸不仅被广泛地应用在人们生活的各个方面,而且也是现代纤维艺术家新的表现媒材。无论是将液体形态的纸浆原料转化成固体形态的纸纤维造型,还是把成品纸张改变成可视、可触的艺术形象,都反映了纸纤维材料的特殊魅力。纸的种类也很多,如皱纹纸、宣纸、牛皮纸、特种纸……不同种类的纸质感各不相同,纤维艺术作品借助其特性的表现,会给人们的感官带来不同的感受。纸纤维具有较强的可塑性,无论采用平面制作的方法,还是追求立体的视觉效果,纸纤维的制作过程都能让学生体会到,艺术创作的材料没有贵贱之分、新旧之分,只要有好的创意,就能够将废旧材料"化腐朽为神奇"。利用废旧纸张,如报纸、杂志、画报、挂历、书本及各种包装纸等制作纤维艺术作品,其材料成本是最低的,能够让学生在充分发挥想象力的同时减轻经济负担。(图2-22、图2-23)

6.天然材料

棕、草、藤、柳、竹、树枝、树皮、树叶等都属天然材料,可通过编织、缠绕等技法创作出艺术作品,并充分发挥天然材质的自然美。在艺术家的亲身制作过程中，根据构思随心所欲地变换造型。松与紧、密与疏的变化与结构，都体现出艺术家对材料的不同理解，从而创作出风格别致的艺术作品。（图2-24、图2-25）

7.化学纤维

化学纤维材料在现代软装饰艺术中的应用与科技的发展密切相关。各种成分为高分子化合物的人造合成纤维以其自身所特有的性能，丰富和扩展了软质材料的领域。

化学纤维按原料来源可分为再生纤维（人造纤维）、合成纤维、半合成纤维与无机纤维。再生纤维是以天然高分子化合物为原料，经化学处理和机械加工而获得的纤维；合成纤维是利用煤、石油、天然气等低分子化合物为原料，先制成单体，再经过化学合成和机械加工而获得的纤维；半合成纤维是以天然高分子化合物为骨架，通过与其他化学物质反应来改变组成成分，形成天然高分子的衍生物而制成的纤维；无机纤维是以玻璃、金属等无机物为原料，通过加热熔融或压延等物理、化学方法制成的纤维，如玻璃纤维、金属纤维等。

化学纤维不仅具有耐热、阻燃、绝缘、防腐、隔音、保温、去污等方面的性能，而且还有柔润光滑的表面和明艳的色彩。如果我们能够突破使用天然纤维的传统材质观念，充分利用各种人工化学合成纤维并发挥其特性，现代软装饰艺术的创作一定会更加灵活，纤维材料的世界也会更为丰富与绚丽多彩。（图2-26、图2-27）

图2-24 竹编

图2-25 树皮编织

图2-26 塑料线塑型 陈燕琳

图2-27 塑料线塑型 陈燕琳

图2-28 木夹造型 图2-29 木夹造型 局部

8.现成品材料

现成品材料是指已经过人为加工后制作出来的产品。在软装饰艺术创作中也不乏现成品材料的广泛运用，如金属材料（铁丝、钢丝、铜丝、金属网、金箔等）、塑料膜、羽毛、电线、胶卷、磁带等，它们成为艺术家作品创作的原材料，不同种类的原材料质感各异，发挥其特性则会给人们的感官带来不同的感受。这些现成品材料在艺术家的手里不断变换出新的面貌，被赋予更深的内涵。

材料是软装饰艺术创作的主要语言，随着艺术观念的不断拓宽，材料的范围也在不断扩大。我们对材料的选择应该是开放的，现成品材料在生活中随处可见，我们首先需要做的就是学会如何利用慧眼发现这些材料的美的潜质。利用废弃的、陈旧的现成品材料还可以起到环保的作用，变废为宝

是很多艺术家的成功秘诀，因为利用这些材料制作的作品，在视觉上更容易将艺术家的创作观念传达给观众，并与观众产生共鸣。（图2-28、图2-29）

毕业于开普敦大学雕塑专业的南非设计师Heath Nash近年来投身到了回收材料设计中，他通过一些小回收站获得大量废弃塑料，然后将这些材料清洗干净、去底加工，再通过冲床造型，把它们变成各式各样的塑料花型，最后，手工把这些模块组合起来，变成各种奇思妙想的设计。Nash说："回收材料的设计作品是十分昂贵的，因为这样的制作非常耗时。就像全彩色的花球灯罩，我把它卖到非洲以外，真正理解这些事情的人会觉得值得去买这样的产品，它现在慢慢地成了高端产品。"（图2-30、图2-31）

图2-30 南非设计师 Heath Nash 图2-31 灯具设计

二、编织工艺

1.制作设备、工具及步骤

（1）制作设备

手工制作所用的机梁和简易木制框架。（图2-32～图2-35）

图2-32 大型编织机梁

图2-34 简易木框

图2-33 工作室编织机梁

图2-35 简易木框

（2）手织工具

a.手工编织所用的基本工具。（图2–36）

b.栽绒所用的金属压线耙子。（图2–37）

c.栽绒所用的割剪纬线的刀子。（图2–38）

（3）制作步骤

a.钉钉子：在木框的上下两个边框分别钉上两排长约2cm的钉子，排内每颗钉子间距1cm，上下两排错开0.5cm。上下两排钉子的间距一般为1.5cm左右。（图2–39～图2–41）

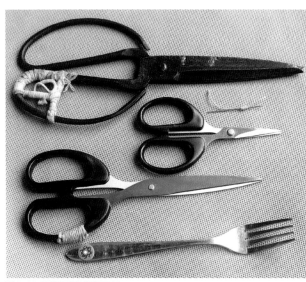

图2-36 课堂教学的通用工具

图2-37 传统编织的专用工具——耙

图2-38 栽绒专用刀

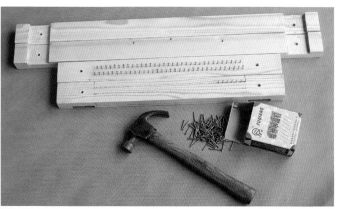

图2-39

图2-40

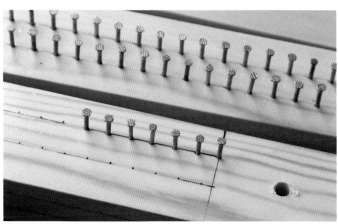

图2-41

b.挂经线：将纬线固定在第一颗钉子上，然后依次按序绕好经线，制作
的画幅有多宽就挂多宽的经线。挂经线时用力要适度，不宜过松或过紧。（图
2−42～图2−44）

c.穿纸板：将裁好的卡纸（2cm宽）第一块按奇数线穿入经线中，第二块
按偶数线穿入经线中，用手轻轻下压至边框底部，与底边平行。（图2−45、图
2−46）

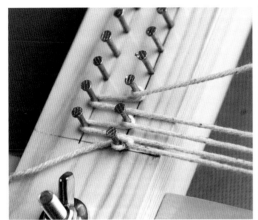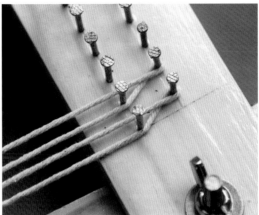

图2-42　　　　　　　　　　　　　　　　图2-43

图2-44

图2-45　　　　　　　　　　　　　　　　图2-46

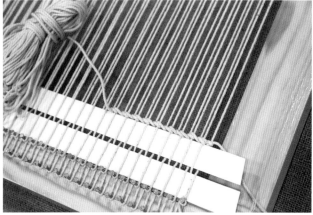

图2-47

图2-48

d.打底：用棉线先织一行人字纹，然后按照一上一下的规律平编大约2cm，边织边用叉子将穿过的棉线敲打平整，最后将棉线剪断，把线头藏到内侧。（图2-47、图2-48）

e.根据画稿进行编织。（图2-49、图2-50）

2.平面编织技法

（1）纬织法

纬织法是以天然纤维、化学纤维及各种柔软的纤维材料作纬线，在垂直的前后经线的间隔与交叉中穿行平织或斜织的技艺。由于图形和色彩是靠纬线的横积与竖垒来完成的，所以俗称纬织法。几乎所有传统壁毯工艺都和纬织技法密切相关，如克里姆特是用纬线平织规则制作几何图形；可布特是用纬线平织制作图案化的人物形象；奥比松是用纬线平织制作装饰性的造型与色彩；高比林是用纬线平织或斜织，甚至能将纬线自由地弯曲，织出复杂的绘画效果。虽然纬织技法大都是用来表现平面形态的壁毯，但是很多立体形态的软雕塑及空间装置也常常借助纬织技法来组合纤维材料及综合材料。被称为高比林之王的基维·堪达雷里的作品便为代表性的纬织法，其表现注重编织线条的飘逸、流畅，丰富的层次和微妙的色彩变化。（图2-51、图2-52）

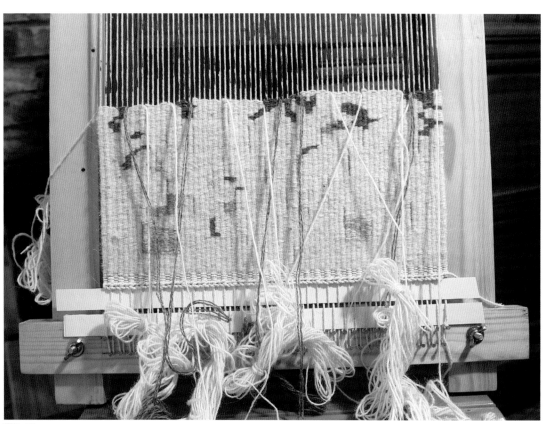

图2-49

图2-50

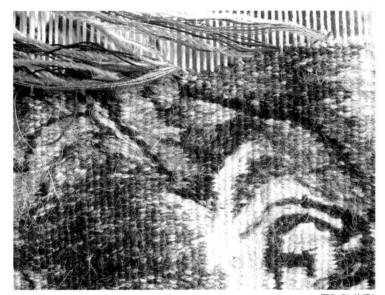

图2-51 纬织1

图2-52 纬织2

纬织法是一种操作设备简单，织作方法灵活多样的编织工艺，然而却由它衍生了世界各国极为丰富的编织文化。同样，现代纤维艺术在其创作与发展中，也应充分借鉴、吸收传统艺术文化中的优秀成果，于"源"中引出"流"，从而创作出多姿的现代纤维艺术作品。

（2）经编法

经编法是用各种纤维材料在单经、双经或多根经线上缠绕，构成丰富多变的纹理，如经编"人"字形的排列构成斜线纹理；经编"品"字形的排列构成短直线纹理；经编"井"字形的排列构成平直线纹理；经编连珠纹的排列构成竖条点状纹理等。

①人字纹

用单色或多色纬线在经线上下平行双锁构成"＞"形，将其自左至右、自下而上重复排列，纺织面料上便呈现常见的"人"字纹理，故称之为人字纹。人字纹的变化多种多样，如用单纬单经缠绕而成的人字纹有精细之感；用多纬多经缠绕而成的人字纹更显粗犷。人字纹呈细密的斜线排列，可根据表现需要在双经或多经上进行缠绕，纬线也可根据需要有粗细变化，编出的纹理则随之呈现长短、粗细的不同变化。（图2-53）

②品字纹

用多股纬线在经线上间隔穿行缠绕，打结后成"口"

形，而后上下连续同步进行，先构成"口"形，连续编织成"品"形，故称品字纹。品字纹呈较大的点状肌理，与细密的平织纹相结合，会形成有趣的对比。品字形的变化因纬线与经线的股数多少而异，每一个单元的品字纹大小影响着整体编织的疏与密。（图2-54）

③井字纹

井字纹编织法即双经益纬法，将两根纬线间隔两根经线盘过，构成"井"字形，故称井字纹。此种方法在竹、柳、藤、草编织工艺中广为应用。纤维编织采用此法，须将经线注紧，经线垂直而纬线平直，方可令"井字形"纹理明晰。在选择纤维材料方面，应以经纬相同、材质较韧挺的为宜，如棉麻纤维。（图2-55）

④连珠纹

用多股合成纬线从两根经线的后方绕到前方，择一根经线绕回后方，缠绕单根经线呈点状，自左至右编织，自下而上排列构成竖条点状纹理。其点似珠，故称连珠纹。连珠纹的变化可在纬线缠绕单经的基础上，变单经为双经，扩大其点状面积。若要突出珠形之特征，亦可在每一珠形之间夹织一根细纬，使平面的竖条点状纹形排列产生凸凹的肌理效果。连珠纹亦可在双经或多经上缠绕，构成大小不同的点，还可与平织纬线相结合，使珠形特征更加明显。（图2-56）

掌握了基本的纹理编织方法之后，我们便可在此基础上

图2-53 人字纹

图2-54 品字纹

图2-55 井字纹

图2-56 连珠纹

灵活变换。根据作品创作的需要，各种方法随机运用，并可利用其原理创造出新的编织方法，而一切肌理的塑造，都是服从于作品情感的表达。如有一些手工编织作品的灵感来自于大自然的启发：大自然中排列整齐交相重叠的叶子、苍老皱裂的树皮、美丽的珊瑚、松树的果实松塔等，这些都给人以无限遐想，激发了艺术家的创作灵感，使他们产生表现的冲动。这种模仿大自然的肌理而又经过高度提炼加工而编制的作品充满了趣味性，给人一种回归大自然的美好享受。（图2-57～图2-60）

图2-57 编织课程作业 姚蓓蓓

图2-58 编织课程作业 寿家梅

图2-59 编织课程作业 范玮

图2-60 编织课程作业 王东林

3.栽绒浮雕技法

栽绒法是由经线、纬线交织成平纹组织，在相邻的两根经线上拴毛或丝等纤维绒头结。绒点具有一定长度，上下左右密集排列构成绒面。因每一绒头的拴结如同栽植在经纬交织成的平纹组织的地上，故称栽绒。栽绒是我国目前手工织毯中普遍采用的编结方法，其特点是毯基(俗称纬板)挺实，毯背耐磨，毯面弹性强且牢固。栽绒拴结有"8"字形结、马蹄形结、"U"形结、"W"形结等多种。

（1）"8"字形结

"8"字形结编织法是编织作坊、工厂中运用最普遍的一种方法，也是较简单的栽绒法，因其绒头结的形状如"8"字而得名。制作时先用右手食指挑起前经线，左手将色纱从两根经线之间穿入，在前经线上绕一围，再抠起后经线，色纱绕过后经线，从左侧出来，用左手拉紧色纱头，右手拿刀切断色纱，即成为一个独立的色纱结。

（2）马蹄形结

编织结扣的形状如马蹄形，其编织方法和"8"字形结编织过程中右手抠经线的手法相同，也是左手拿毛线。差别之处是色纱的运作手法不同，即色纱绕一圈回来时从后经线的前方绕回后方锁织而形成马蹄形结，这样就产生了不同的绒头结。

（3）缠绕打结法

缠绕打结编织法的制作过程是在经线前面横放一根直径7mm～8mm，长33.3cm～50cm的木棍(或铁棍)，木棍与经线垂直。左手拿木棍并抠起一对经线，右手将色纱绕过经线，拉出毛圈，套在木棍右端，依此类推，从左向右重复缠绕，每套几个绒圈，木棍向右移动一段距离。木棍上绕圈套满后，用铁耙将绕圈打入织口，抽出木棍，用剪刀剪开绒圈，即形成各自独立的"8"字形绒头结。

"U"形结和"W"形结是机织打结栽绒的两种不同编织方法，在现代纤维艺术织作中并不常用，故不详述。其缠绕的方法有多种，可灵活运用。（图2-61～2-67）

图2-61 栽绒制作

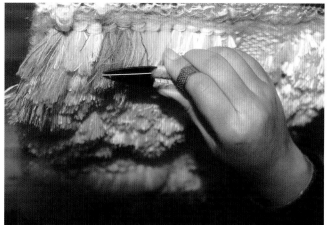

图2-62 绒头修剪

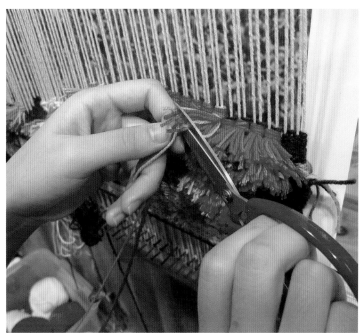

图2-63 绒头修剪

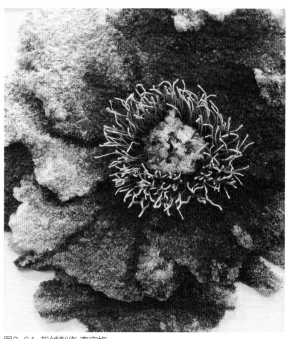

图2-64 栽绒制作 寿家梅

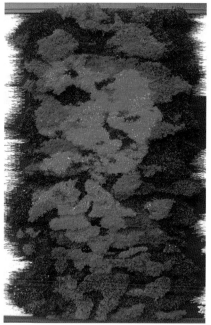

图2-65 栽绒作业 刘超

图2-66 栽绒作业 袁梦月

图2-67 栽绒作业 包艳娜

三、纤维编织大师介绍

1.基维·堪达雷里 (Givi Kandareli)

基维·堪达雷里是格鲁吉亚国家科学院院士、前苏联功勋艺术家、第比利斯美术大学教授。自1965年以来，基维教授亲手创作编织了200多件壁挂作品，是格鲁吉亚挂毯艺术学派的奠基人和领导者。他以创作和教学并重，是国际上享有盛名的纤维艺术大家，是"从洛桑到北京"国际纤维艺术双年展暨学术研讨会的缔造者之一，是中国工艺美术学会纤维艺术专业委员会的艺术顾问。2006年病逝于格鲁吉亚第比利斯。

基维教授多次来中国讲学，先后到中央工艺美术学院（现清华大学美术学院）、山东丝绸纺织职业学院（现山东轻工职业学院）、山东工艺美术学院、鲁迅美术学院、黑龙江大学艺术学院、中国艺术研究院研究生院等多所艺术院校传授编织技艺，对中国纤维艺术的教育和创作产生了重要的影响。

基维教授是一个不知疲倦、勤于劳作的人，他对生活抒情而浪漫的感受，贯穿在他的全部作品中，表现在他的形与色的造型语汇中，体现在他对材料的爱以及想把自己对纤维艺术的赞美传达给所有观众的愿望中。他善于用充满诗意的眼睛观察世界，就连最平凡的日常生活，在他的作品中也变成了讴歌人类及大自然的动人诗篇。1982年，基维教授历时三年时间完成的巨幅壁毯作品《彼罗斯曼尼之梦》参加了"第11届瑞士洛桑国际壁毯艺术双年展"。在这件最复杂、难度最大的里程碑式的现代壁挂作品里，基维教授对画面的每一厘米都要亲手仔细刻画，用羊毛线组成的色彩过渡，找不到一笔带过的痕迹。为了作品能有丰富的色调，他不仅亲自编织，还亲自染线。基维教授认为，色彩的微妙变化在纸上是很难体现出来的，毛线就是调色板。他非常熟悉材料的奥秘，并善于从材料中获得灵感，使每条线的粗细、色彩都成为表达作者思想的手段。壁毯中每一个细节、每一处微妙的变化，都显示出基维教授高超的技艺和艺术的力量。这些亲手编织不可复制的如诗、如歌、如梦，充满想象力的美丽画面，是大自然的赞歌，是生命的象征，反映了他对祖国、人民、生活的热爱和寄托的希望。他的人生观、创作观和对艺术的理解，代表了真正艺术家的追求和永恒的艺术精神。　（图2-68～图2-71）

图2-68《山泉旁的歌声》

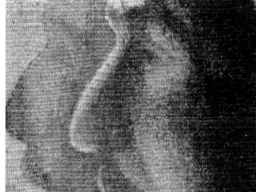

图2-69《镜》

图2-70《镜》局部

图2-71《亚当和夏娃》

图2-72《心爱的人》

图2-73《心爱的人》局部

2.安妮卡·爱克达（Annika Ekdahl）

安妮卡·爱克达，1955年出生于瑞典的斯德哥尔摩，在哥德堡大学工艺设计系获硕士学位，2000年当选应用美术家联盟主席。1980年起举办及参与瑞典和国外的个展和集体展览；1995年起通过应用美术家联盟参与国家的文化政治活动；1998年除获得"波兰洛兹壁挂三年展"荣誉奖之外，还多次荣获国家奖项和荣誉；2000年、2002年和2004年参加"从洛桑到北京"国际纤维艺术双年展并担任作品评审委员，是中国工艺美术学会纤维艺术专业委员会顾问。

安妮卡的编织壁挂作品都以日常生活中的数码照片为题材，用油画棒绘制成底稿，然后用欧洲传统奥比松的编织技法制作完成。（图2-72~图2-76）

图2-74 《女王的婚礼》

图2-75 《女王的婚礼》局部1

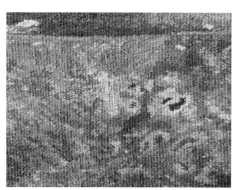

图2-76 《女王的婚礼》局部2

3.宋繁树

宋繁树，1965年获韩国弘益大学美术学院学士学位，1972年获"第二届汉城国际印刷双年展"大奖，1973年获弘益大学工业艺术学院硕士学位，1978年至今任弘益大学美术学院教授，是"从洛桑到北京"国际纤维艺术双年展作品评审委员。

宋繁树是一位艺术功底深厚的壁毯艺术家，他的作品给人留下形而上的色彩浓厚的印象。例如，他近年创作的具有石板画细腻效果的写实风格的壁挂作品《逻辑与推理》《信仰的宿命》等，作品如同摄影般的超写实描绘给人以强烈的视觉冲击力，他的作品更多地是用来表达自己独特的艺术和哲学见解。画面中尖利而又变幻莫测的荆棘以及由于逆光产生的巨大阴影使人感到莫名的压抑，极软的毛纤维和塑造出来的尖锐造型形成鲜明的对比。

宋繁树在编织过程中善于使用双经线，画面大部分采用双经线和纬线的交织，作品的细节采用单经来完成，巧妙至极。（图2-77～图2-81）

图2-77《逻辑与推理》

图2-78 宋繁树教授的工作室

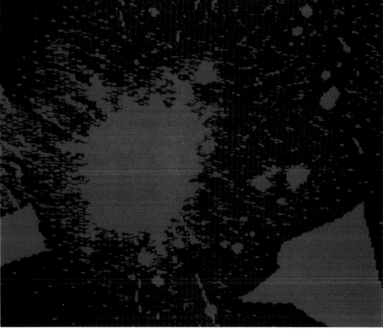

图2-79 《来自伊拉克的信》

图2-80 《来自伊拉克的信》局部

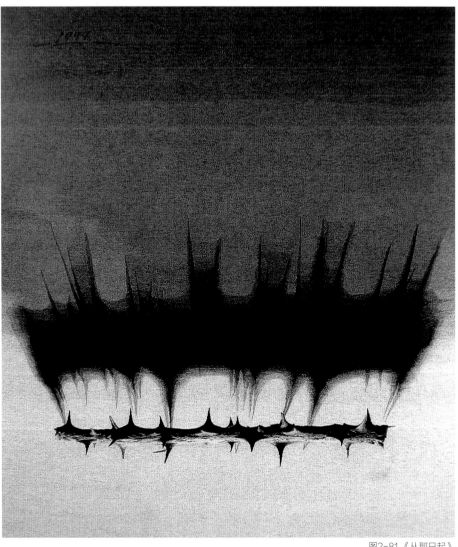

图2-81 《从那日起》

4. 林乐成

林乐成，1982年毕业于中央工艺美术学院（现清华大学美术学院），中国当代纤维艺术的领军人。长期从事纤维艺术教学、创作与研究工作。作品曾获"第九届全国美术作品展"银奖、"第十届全国美术作品展"优秀奖、"首届全国壁画大展"大奖、"2009年全国环境艺术设计大赛"金奖等。出版专著《纤维艺术》，主编《国际现代纤维艺术》《世界装饰图典》等大型画册。现为清华大学美术学院教授，纤维艺术专业硕士生导师，中国工艺美术学会纤维艺术专业委员会副会长兼秘书长，中国工艺美术大师评审委员，"从洛桑到北京"国际纤维艺术双年展策展人。曾获中国设计贡献成就奖。

林乐成教授的纤维艺术作品风格独特，以传统的高比林技艺为载体，用毛线去"画"，用光色去"编"，画面或栩栩如生、或抽象写意，重新探讨了织物与绘画的内涵和外延。他认为纤维艺术不只追求纯粹的艺术性，其艺术的价值还体现在它的应用空间中，使用与价值是联系在一起的。林乐成教授为很多公共建筑空间创作了大量的纤维作品，其中包括毛主席纪念堂大型绒绣壁毯、清华大学美术学院《山高水长》大型壁毯等。林乐成教授一直致力于纤维艺术的教育事业，培养了一批崭露头角的青年纤维艺术家。在繁忙的教学科研工作之余，他还积极策划"从洛桑到北京"国际纤维艺术双年展，为世界各地的纤维艺术家搭建展示、交流的平台，激发了一大批艺术院校的师生投入纤维艺术事业中，为中国当代纤维艺术的发展奠定了坚实的基础。（图2-82～图2-87）

图2-82 张海东（右）和恩师林乐成教授

图2-83《高山流水》华腾大厦

图2-84《山高水长》清华大学美术学院教学大楼

图2-85 创作手稿

图2-86《梅》中国艺术研究院

图2-87《栖霞圣境》山东栖霞市政府

四、制作范例

范例1

作品：《天罗》

作者：张海东、王薆

材质：麻线

技法：染色、罗织

尺寸：240cm×180cm

时间：2010年

我国有着悠久的纺织历史，古人很早就掌握了丰富的纺织技巧，发展出绢、纱、绮、绫、罗、锦、缎、缂丝等丝织品的纺织技术。作品《天罗》的创作灵感亦来源于此。古代纱罗织物是用复杂的经织机织成，工艺特殊而复杂，是丝织品中的高档品。《天罗》选用的材料是麻，织法也并非传统的纱罗纺织技法，而更接近渔网的编织方式，但其创意核心仍旧是以纯手工的方式再现和放大传统编织技巧之美。作品中使用的麻线全部用手工煮染方式上色，按色彩渐变的规律无序穿插而成。罗织的最大特点就是经丝相互缠绕纠结，没有普通织物上经纬交织的纹路，而是形成一种独特的带孔眼的肌理。《天罗》的创作借鉴了罗织这一特点，将麻线无序穿插，根据色彩的渐变适当地进行疏密关系的处理，使作品肌理于无序中呈现出一种有序的变化。麻线的质地增强了作品的垂坠感和厚重感，而布满孔洞的织纹肌理又使作品在整体上有着纱罗织物一样的半透明感。作品命名为"天罗"，即是寓意此种编织技法的天然、无序与纯粹，代表着向传统的回归与致敬。

作品获2010年"从洛桑到北京"第六届国际纤维艺术双年展铜奖。(图2-88～图2-91)

图2-88 《天罗》制作

图2-90 《天罗》局部1

图2-89 《天罗》

图2-91 《天罗》局部2

范例2

作品：《尘封往事》

作者：张海东

材质：羊毛线

技法：高比林编织

尺寸：130cm×150cm

时间：2002年

往事随风飘逝，如流水般一去不返，一封封信笺见证了岁月印记，让我回味记忆里的点滴。作品运用羊毛材料、高比林编织技艺制作完成。作品中信封的造型醒目突出，其硬朗的轮廓线与四周如风似水般的纹理形成鲜明的对比。

作品获2002年"从洛桑到北京"第二届国际纤维艺术双年展优秀奖。（图2-92）

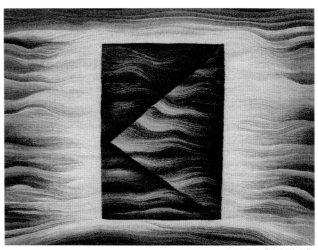

图2-92 《尘封往事》

范例3

作品：《白色记忆》

作者：唐芳、张海东

材质：棉线、尼龙线

技法：自由编织技法

尺寸：80cm×80cm

时间：2002年

《白色记忆》系列作品旨在探索在同一色调中表现丰富的肌理变化。背景选用棉线，中间部分选用拆开的尼龙绳。由于不受色彩和既定图形的限制，制作中更注重线的粗细、块面的对比关系，其中镂空部分产生通透的效果。同色调的画面在制作中更考验制作者对材料和技法的熟练把握，对材料表现力的了解，初学者可以多做些此类的练习。（图2-93～图2-96）

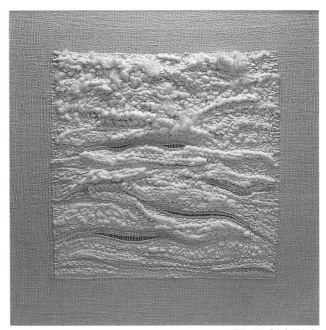

图2-93 《白色记忆》

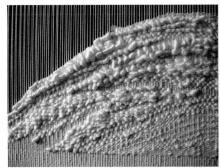

图2-94 《白色记忆》局部1

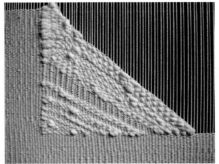

图2-95 《白色记忆》局部2

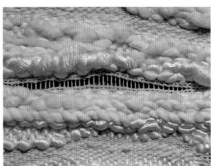

图2-96 《白色记忆》局部3

范例4

作品：《重阳》

作者：张海东

材质：羊毛线

技法：高比林编织

尺寸：200cm×120cm

时间：2008年

重阳时节，秋高气爽，登高山赏红叶，交错的红色勾勒出险峻凌厉的山势。正是这片红，时常勾起我对家乡的思念、对儿时快乐时光的追忆。作品选用羊毛为材料，运用高比林平编工艺结合栽绒工艺，层次分明，极具软浮雕效果。（图2-97、图2-98）

图2-97 作品制作

图2-98 《重阳》

小结要点

第一个阶段的编织工艺技法容易掌握，学生在制作过程中培养动手能力并对其产生兴趣。可以说，掌握编织技术是掌握其他表现技法的基础。另外，编织作品具有很好的展示效果，即使是简单的造型图案也会有精致细腻的视觉形象，容易让学生有成就感，刺激学生的创作欲望和学习热情。

为学生提供的思考题

1.编织工艺的材料和工艺技法有哪些?

2.讨论编织工艺的材质美、视觉美和触觉美。

3.思考传统编织工艺如何与当代艺术接轨。

4.阐述编织艺术对现代建筑空间产生了怎样的影响?

5.结合大师作品，思考如何利用编织工艺表达自己的艺术观念。

学生课余时间的练习题

1.总结本教材中没有涉及的编织材料和工艺品种。

2.讨论周围环境中的编织艺术陈设，发现其存在的美感和不足。

3.讨论在市场上销售的编织工艺品有哪些? 在设计和制作工艺上还存在哪些问题?

为学生提供的参考书目

《纤维艺术》 林乐成，王凯著 上海画报出版社

《纤维艺术设计与制作》 任光辉著 河北美术出版社

单元作业

根据单元教学内容及任课教师通过多媒体教学、作品实物讲解、技法演示等方式的讲授，设计并完成一件编织作业。

单元作业要求

1.设计稿要符合编织工艺的要求。作业规格不小于30cm×30cm。

2.作业要体现平面和立体编织的工艺技法。

3.完成的作业要达到画面平整、色彩过渡自然、平面和立体部分的比例适当。

4.作业完成后用木框装裱。

一、传统刺绣工艺概述

刺绣是针线在织物上绣制的各种装饰图案的总称，古代称之为针绣，是用针将丝线或其他纤维、纱线以一定图案和色彩在绣料上穿刺，以缝迹构成花纹的装饰织物。它是用针和线把已设计和制作的作品添加在任何存在的织物上的一种艺术。因刺绣多为妇女所作，故属于"女红"的一个重要部分。(图3-1、图3-2)

刺绣是中国古老的手工技艺之一，在原始社会，人们用纹身、纹面进行装饰。自从有了麻布、毛纺织品、丝织品，有了衣服，人们就开始在衣服上刺绣图腾等各式纹样。据《尚书》记载，早在四千多年前的章服制度就规定"衣画而裳绣"。在先秦文献中有用朱砂涂染丝线，在素白的衣服上刺绣朱红的花纹的记载，即所谓"素衣朱绣""衮衣绣裳""黻衣绣裳"之说。在当时既有绣画并用，也有先绣纹形后填彩的做法。

图3-1 学生刺绣制作1

图3-2 学生刺绣制作2

目前发现最早的刺绣，为湖南长沙楚墓中出土的两件战国时期的绣品。细观绣品，完全用辫子股针法（即锁绣）绣于帛和罗裳，针脚整齐、配色清雅、线条流畅，将图案龙游凤舞、猛虎瑞兽表现得自然生动、活泼有力，充分显示出楚国刺绣艺术之成就。（图3-3、图3-4）

汉代绣品，在敦煌千佛洞、河北五鹿充墓、内蒙古北部、新疆的吐鲁番阿斯塔那北古墓中皆有出土，尤其是1972年在长沙马王堆出土的大批种类繁多且完整的绣品，更有助于我们了解汉代刺绣风格。从这些绣品看，汉绣图案主题，多为波状之云纹，翱翔之凤鸟、奔驰之神兽，以及汉镜纹饰中常见的带状花纹、几何图案等（图3-5～图3-7）。刺绣采用的底本质材，则为当时流行的织品，如织成"延年益寿大宜子孙""长乐光明"等吉祥文字之丝绸锦绢。其技法以锁绣为主，构图紧密，针法整齐，线条极为流畅。

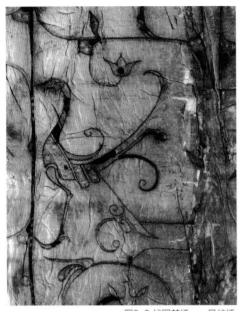

图3-3 战国楚绣——凤纹绣　　　　　　图3-4 战国楚绣——龙纹绣　　　　　　图3-5 汉代信期绣

图3-6 汉代刺绣1　　　　　　　　　　图3-7 汉代刺绣2

东晋到北朝的丝织物，多出土于甘肃敦煌以及新疆和田、巴楚、吐鲁番等地，所见残片绣品无论图案或留白，都用细密的锁绣绣出，呈现满地施绣的特色。传世及出土的唐代刺绣，与唐代宗教艺术有着密切的关系，其中有不少唐绣佛像，如大英博物馆所藏东方敦煌千佛洞发现的绣帐灵鹫山释迦说经图，日本奈良国立博物馆所藏释迦说法图等（图3-8～图3-10）。此时刺绣技法仍沿袭汉代锁绣，但针法已开始转变为以平绣为主，并采用多种不同针法，多种色线。所用绣底质料亦不限于锦帛和平绢。刺绣所用图案，与绘画有密切关系，唐代绘画除了佛像人物，山水花鸟也渐兴盛。因此山水楼阁，花卉禽鸟，也成为刺绣图样，构图活泼，设色明亮。使用微细平绣之绣法，运用各种色线和针法，替代颜料描写之绘画形成一门特殊的艺术，也是唐绣独特的风格。至于运用金银线盘绕图案的轮廓，加强实物的立体感，更可视为唐代刺绣的一项创新。

宋代刺绣的发达，源于当时朝廷的奖励提倡。为使作品达到书画的传神意境，绣前需先有计划，绣时需度其形势，乃趋于精巧。构图必须简单化，纹样的取舍留白非常重要，与唐代无论有无图案皆满地施绣截然不同，明代董其昌《筠清轩秘录》载："宋人之绣，针线细密，用绒止一二丝，用针如发细者，为之设色精妙光彩射目。山水分远近之趣，楼阁待深邃之体，人物具瞻眺生动之情，花鸟极绰约逸喓之态。佳者较画更胜，望之三趣悉备，十指春风，盖至此乎。"此段描述，大致说明了宋绣的特色。（图3-11～图3-13）

元代绣品传世极少，从存于我国台湾故宫博物院的一幅

图3-8 日本奈良国立博物馆所藏释迦说法图

图3-9 日本奈良国立博物馆所藏释迦说法图 局部1

图3-10 日本奈良国立博物馆所藏释迦说法图 局部2

图3-11 秋葵蝴蝶图 宋

图3-12 贴绣牡丹素罗褡裢 宋

图3-13 绢本刺绣白鹰轴 宋

作品来看，仍承继宋代遗风。元人用绒稍粗，落针不密，不如宋绣之精工。元代统治者信奉喇嘛教，刺绣除了作一般的服饰点缀外，更多的则带有浓厚的宗教色彩，被用于制作佛像、经卷、幡幢、僧帽，以西藏布达拉宫保存的元代《刺绣密集金刚像》为其代表，具有强烈的装饰风格。山东元代李裕庵墓出土的刺绣，除各种针法外，还发现了贴绫的做法。它是在一条裙带上绣出梅花，花瓣是采用加贴绸料并加以缀绣的做法，富有立体感。

明代刺绣始于嘉靖年间上海顾氏露香园，露香园以绣传家，名媛辈出。顾寿潜的妻子韩希孟，深通六法，远绍唐宋发绣之真传。摹绣古今名人书画，劈丝配色，别有秘传，因此能点染成文，所绣山水、人物、花鸟，无不精妙，世称露香园顾

氏绣，即所谓"画绣"，也即传世闻名之顾绣。

顾绣针法，最主要继承了宋代最完备的已成绣法，更加以变化而运用，可谓集针法之大成。用线主要仍多数用平线，有时亦用捻线，丝细如发，针脚平整，而所用色线种类之多，则非宋绣所能比拟。同时又使用中间色线来借色与补色，绣绘并用，力求逼真原稿。又视图案所需，可以随意取材，不拘成法，真草、暹罗斗鸡尾毛、薄金、头发均可入绣，别创新意，尤其利用发绣完成绘画之制作，于世界染织史上从未一见，由此可知顾绣有极其巧妙精微的刺绣技术。（图3-14、图3-15）

清代刺绣，多为宫廷御用的刺绣品，大部分由宫中造办处如意馆的画人绘制花样，经批核后再发送江南织造管辖的

图3-14 顾绣东山图 上海博物馆藏

图3-15 顾绣凤凰双栖图 苏州博物馆藏

三个织绣作坊，照样绣制，绣品极工整精美（图3-16、图3-17）。除了御用的宫廷刺绣外，同时在民间还先后出现了许多地方绣，著名的有鲁绣、粤绣、湘绣、京绣、苏绣、蜀绣等，各具地方特色。苏、蜀、粤、湘四种地方绣，后又被称为"四大名绣"，其中苏绣最负盛名。苏绣全盛时期，流派繁衍，名手竞秀。刺绣运用普及于日常生活，造成刺绣针法的多种变化，绣工更为精细，绣线配色更具巧思。所作图案多为喜庆、长寿、吉祥之意，尤其花鸟绣品，深受人们喜爱，享盛名的刺绣大家相继而出，如丁佩、沈寿等。

图3-16 清代龙袍

图3-17 清代龙袍 局部

图3-18 苏绣（江苏南通沈寿艺术馆）

四大名绣

四大名绣体现了中国刺绣的特色和艺术价值。

（1）苏绣

苏绣为苏州刺绣的简称，以其表现手法细腻、逼真而闻名。苏绣的发源地在苏州吴县一带，现已遍布很多地区。苏绣具有图案秀丽、构思巧妙、绣工细致、针法活泼、色彩清雅的独特风格，地方特色浓郁。绣技具有"平、齐、和、光、顺、匀"的特点。（图3-18～图3-20）

图3-19 耶稣像（江苏南通沈寿艺术馆）

图3-20 苏绣（江苏南通沈寿艺术馆）

（2）湘绣

湘绣以写实居多，色彩明快，以中国画为底，衬上相应的云雾山水、亭台楼阁、飞禽走兽，风格豪放。题材主要是虎、狮等，以独特的针法绣出的动物毛丝根根有力。人称湘绣"绣花能生香，绣鸟能闻声，绣虎能奔跑，绣人能传神"。（图3-21～图3-23）

图3-21 湘绣动物图四屏

图3-22 湘绣《花开富贵》局部1

图3-23 湘绣《花开富贵》局部2

（3）蜀绣

蜀绣构图简练，大都采用方格、花条等传统的民族图案，富有装饰性。色彩丰富鲜艳，针法严谨，虚实适宜，立体感强，平整光滑。所绣对象有花、蝶、鲤鱼、熊猫等。（图3-24～图3-26）

图3-24 蜀绣《鲤鱼》

图3-25 蜀绣《虎》

图3-26 蜀绣艺人

（4）粤绣

粤绣采用金银线盘金刺绣，绣线平整光亮。构图布局紧密，装饰性强，富有立体感。绣面富丽堂皇、璀璨夺目，多用于戏装、婚礼服等。荔枝和孔雀是粤绣的传统题材。（图3-27～图3-29）

图3-27 粤绣团扇

图3-28 花鸟图四屏

图3-29 花鸟图

二、传统刺绣工艺中的针法

手工刺绣的主要艺术特点是图案工整娟秀，色彩清新高雅，针法丰富，雅艳相宜，绣工精巧，细腻绝伦。刺绣的针法丰富且变化无穷，采用不同的针法可以产生不同的线条组织和独特的艺术表现效果。下面介绍八种常见的针法。

1．乱针

乱针绣创始于20世纪30年代，创始人为江苏常州武进人、现代女刺绣工艺家杨守玉女士。乱针绣又名"正则绣""锦纹绣"，是适宜绣制欣赏品的一个新绣种。因其绣法自成一格，被誉为当今中国第五大名绣。乱针绣主要采用长短交叉线条，分层加色手法来表现画面。乱针的针法活泼、线条流畅、色彩丰富、层次感强、风格独特。适合绣制油画、摄影和素描等稿本的作品。（图3-30、图3-31）

图3-30 乱针绣 梁秀芳

图3-31 乱针练习 寿家梅

图3-32 直针练习 程琳

图3-33 直针练习 杨茜

2. 直针

直针完全用垂直线绣成形体，线路起落针全在边缘，全是平行排比，边口齐整。其配色是一个单位一种色线，没有和色。针脚太长的地方就加线钉住，后来演变成了铺针加刻的针法。（图3-32、图3-33）

3. 盘针

盘针是表现弯曲形体的针法。包括切针、接针、滚针、旋针四种。其中切针出现最早，以后发展到旋针。（图3-34）

4. 套针

套针始于唐代，盛行于宋代，至明代的露香园顾绣、清带的沈寿时，得到进一步的发展。

单套，又名平套。其绣法是：第一批从边上起针，边口齐整；第二批在第一批之中落针，第一批需留一线空隙，以容第二批之针；第三批需转入第一批尾一厘米许，而后留第

图3-34 盘针

四批针的空隙；第四批又接入第二批尾一厘米许……其后，依此类推。（图3-35、图3-36）

5.长短针

长短针就是长针和短针参差互用的，后针从前针的中间羼出，边口不齐，有调色和顺的长处，可用来绣仿真形象。（图3-37）

6.抢针

抢针又叫戗针，是用短直针顺着形体的姿势，以后针继前针，一批一批地抢上去的针法。可以说，这种针法是直针的发展。（图3-38）

7.平针

平针是用金银线代替丝线的绣法。其方法是：先用金线

图3-35 套针

图3-36 苏绣套针作品

图3-37 长短针

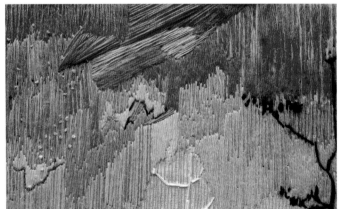

图3-38 抢针

图3-39 平针

或银线平铺在绣地上面，再以丝线短针扎上，每针距离1mm至1.5mm，依所绣纹样而回旋填满，有二三排的，也有多排的。（图3-39）

8.散错针

散错针以多种针法变化运用，达到阴阳浓淡适度的效果，力求所绣的形体逼真。

散整针：套针、施针、接针、长短针兼用的混合针法。（图3-40）

刺绣的工艺要求是：顺、齐、平、匀、洁。顺是指直线挺直，曲线圆顺；齐是指针迹整齐，边缘无参差现象；平是指手势准确，绣面平服，丝缕不歪斜；匀是指针距一致，不露底，不重叠；洁是指绣面光洁，无墨迹等污渍。

三、具有当代审美的刺绣表现形式

1.材料和工艺技法的突破

限于历史的条件，传统刺绣在材料的使用上，具有很大的局限性。从出土文物到中外馆藏品，从不断变迁完善的各地地方刺绣到现代商品化的绣品，在材料的使用上变化最小。民间工艺家们早已习惯使用丝、棉线，或有少数地方用绒线之类的材料。当代刺绣应充分利用近百年来出现的各种新纤维材料，为刺绣拓展更多的表现空间。同时，任何一门艺术形式都不是孤立存在和发展的。随着各种艺术流派的不断兴起，当代刺绣需要从中加以吸收、利用、改造并创新，使当代刺绣更具表现力，跟上时代的节拍，无论是艺术价值、商业价值，还是

图3-40 散整针练习 李丽

观赏价值和收藏价值都发挥出应有的水准。

（1）丝绣

丝线是传统刺绣的常用材料，色泽光亮、手感柔滑，适于表现细致精美的效果。（图3-41、图3-42）

图3-42 丝绣局部

图3-41 丝绣局部

(2)毛绣

毛绣有羊毛、马海毛、兔毛等，质感粗犷，适于营造丰富的肌理层次。（图3-43、图3-44）

(3)珠绣

珠绣材料包括各种质地的珠子、珠管、珠片，依据图案绣出图形。（图3-45、图3-46）

(4)缎绣

缎绣是用尼龙绸、羽纱、缎子等各种锻类，在大网眼的底布上（如麻布）依据图案绣制，制作工艺简单，肌理感强，视觉效果突出。（图3-47、图3-48）

(5)贴绣

贴绣也可称为补绣。北京宫廷补绣源于辽金，奠基于

图3-43 羊毛绣练习 刘艳玲

图3-44 羊毛绣练习 周子琦

图3-45 涪陵珠绣

图3-46 珠片绣法练习 谭琳娜

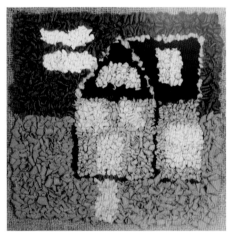

图3-47 缎绣

图3-48 缎绣

元，盛于明清，俗称丝绫、堆绣。贴绣是我国古老的刺绣技艺，与唐代"堆绫""贴绢"技艺相结合并发展至今。贴绣是用各种绸缎、布类先剪出所需图形，然后附于底布上，边缘缝绣固定而成，制作周期快，适于拼布绗缝表现。（图3-49、图3-50）

(6)盘绣

盘绣是用各种毛线、绳等材质，依据图形盘绕，中间间隔用锁针固定而成。（图3-51、图3-52）

(7)编绣

编绣是一种类似编织的绣法。它包括戳纱、打点、铺绒、网绣、夹锦、十字桃花、绒线绣等针法。这些针法都适用于绣图案花纹，所以也可将它称为"图案绣"。（图3-53）

(8)绕绣

绕绣是一种针线相绕、扣结成绣的针法。打籽、拉锁

图3-49 补绣练习 戴福娜

图3-50 贵州苗族补绣

图3-51 贵州苗族盘绣

图3-52 盘金绣补子

图3-53 编绣练习 蒋颖

子、扣绣、辫子股和鸡毛针，都属于这一类。打籽是苏绣传统针法之一。绕绣可用于绣花蕊，也可独立地绣图案画。（图3-54、图3-55）

2.表现形式多元化

在众多的当代艺术表现形式中，传统刺绣工艺也成为当代艺术家惯用的表现手法。一幅好的艺术作品，除了画面本身的内容外，技法和色彩两者的组合运用，起着决定性的作用。刺绣工艺技法做工精美，针法的交替使用又可以产生丰富的肌理效果，适合表现具象或抽象的画面，表现力极强。其中，针法是刺绣的灵魂，就像雕刻家手中的刀，油画家手中的笔。一切鬼斧神工的效果因它而生，一幅幅巧夺天工的画由它而来。针法改变着画，使它变得更加美丽，同时改变着人，使人追寻着无穷的艺术境界。因此，学好针法，熟练掌握各种针法，并能自如地组合运用针法，进而探索和发展新的针法，可以使你的手变得更加灵巧，使你的作品更富有表现力。针法就是针在织物上运动所成的轨迹，各种轨迹的

最终组合便形成了赏心悦目的刺绣图案。色彩是艺术家借以传达自我情感的主要表现形式，现代刺绣艺术主张刺绣色彩的辨色、配色、拼色、接色、转承、过渡、分割和合成，应服从于表现形体的内在要求、服从于外部的客观存在，更主要的是要运用不同的色线材料、通过不同的针法，形成不同的色差和凹凸感，使绣品喷发出勃勃生机。

当代刺绣应集一切传统刺绣工艺之长，突破平面表现形式的局限，避免刻意追求工艺的繁复程度。传统的刺绣图案仅仅是绣线根据一定的规则在平面方向上组合而成，绣线的起落在平面的垂直方向上没有开合作用，图案的层次由色彩的胀缩、进退、轻重感来决定。当代刺绣艺术从一开始就对这种表现方式提出了质疑，并致力于探寻新的针法、制造出不同的层面，继承和发展刺绣中的一切优良传统，突破传统刺绣的平面格局，强调刺绣的立体效果。（图3-56、图3-57）

图3-54 绕绣练习 文艺霖　　　　　　　　　　　　图3-55 绕绣练习 李小明

图3-56 画绣结合练习 刘娇　　　　　　　　　　　图3-57 画、绣、贴综合技法练习 王霞

四、刺绣大师介绍

1.韩希孟

韩希孟是明崇祯年间著名的刺绣艺术家，她的夫家顾氏以闺阁刺绣而闻名，世人因顾氏居所露香园而称其家刺绣为"露香园顾绣""顾氏露香园绣""露香园绣""顾绣"。顾绣自嘉靖年间进士顾名世的长子顾汇海之妻缪氏开端，至名世次孙媳韩希孟时，绣品最著名，被称为"韩媛绣"。在这一时期，顾家绣品多为家藏玩赏或馈赠亲友之用。自名世死后，顾家家道中落，生活便倚赖女眷的刺绣维持，于是顾绣便从家庭女红迈向商品刺绣。韩希孟绣的《宋元名迹册》是传世顾绣中的代表作。（图3-58、图3-59）

2.沈寿

沈寿，初名云芝，号雪宦。她生长于江苏吴县，从小学绣，16岁时已成为苏州有名的刺绣能手。1904年沈寿绣了《佛像》等八幅作品，进献清廷为慈禧太后祝寿，慈禧

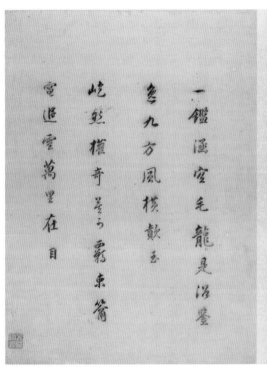

图3-58 韩希孟绣宋元名迹册——洗马图 故宫博物院藏

图3-59 韩希孟绣花卉虫鱼册——湖石花蝶 上海博物馆藏

图3-60 沈寿作品

极为满意，赐"寿"字，遂易名为"沈寿"。同年，沈寿受清朝政府委派远赴日本进行考察、交流和研究日本的刺绣和绘画艺术。回国后被任命为清宫绣工科总教习，自创"仿真绣"，在中国近代刺绣史上开拓了一代新风，做出了里程碑式的贡献。1911年，沈寿绣成《意大利皇后爱丽娜像》，作为国礼赠送意大利，轰动该国朝野。意大利皇帝和皇后曾亲函清政府，颂扬中国苏州刺绣艺术精湛，并赠沈寿金表一块。同时他们将这一幅作品送意大利都灵博览会展出，荣获"世界至大荣誉最高级卓越奖"，这让沈寿在国际上为祖国赢得极高的声誉。1914年，沈寿任江苏南通女红传习所所长。她治校严谨，教学有方，常带学生写生、观察实物，并讲述仿真绣色的理论，即使在病中，也让学生围榻听讲赋色用线的道理。1915年，沈寿绣的《耶稣像》，参加美国旧金山"巴拿马—太平洋国际博览会"，荣获一等奖。晚年病中写成《雪宧绣谱》，总结中国自唐宋画绣、明代顾绣至她的仿真绣针法，为中国刺绣艺术做出了卓越贡献。（图3-60～图3-62）

图3-61 沈寿艺术馆绣师作品《嘉藕图》

图3-62 沈寿艺术馆内景

五、制作范例

范例1

作品：《48映像》
作者：玛露·瑞德（瑞士）
材质：回收金属和各种纺织品涤纶线
技法：刺绣、组合
尺寸：358cm×254cm
时间：2010年

在2010年"从洛桑到北京"第六届国际纤维艺术双年展中，一件来自瑞士艺术家玛露·瑞德的作品让很多观众驻足欣赏。这件作品是由很多小块的废旧布料拼成的，作者在每块布上都绣上了或规整或穿插的丝线，作品整体色彩朴素，并没有改变原有材料的本质，但能让人强烈地感受到作者在每一块布上的潜心经营。这件作品传递给观众的信息是对最普通材料给予关注并赋予爱。也正是这一点让评委们感动，经过评选，这件作品获得银奖。（图3-63～图3-65）

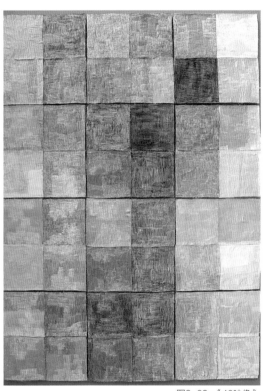
图3-63 《48映像》

图3-64 《48映像》局部

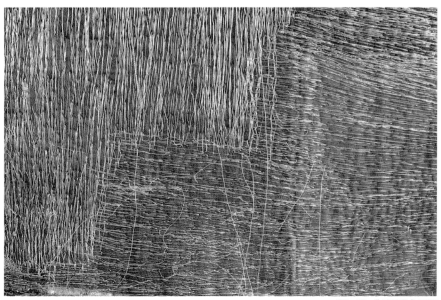
图3-65 《48映像》局部

范例2

作品：《活力系列—波》

作者：张英兰（韩国）

材质：丝、线、酸性染料、针

技法：手绘、刺绣

尺寸：50cm×100cm

时间：2010年

韩国水原大学工艺设计系张英兰教授擅长用刺绣表现水墨的意境，夕阳下的芦苇、清晨的雨露，这些自然景色在水墨晕染和刺绣的交织下，形成了一幅美的画面。水墨做底，以针代笔，将各种质地的线赋予其上，张弛有度，喧嚣时如暴风骤雨，静谧处如小泉流水，针法灵活，随形而舞，不拘泥于传统的陈规。丝线、棉线、羽毛各种材质就像是在水墨上舞蹈，又像被风吹起摇曳的叶子。绣与墨相辅相成，营造出丰富的表现效果，体现出自然的情感，一切流于自然。无形间的自然流露，本身就是一种别样的美。（图3-66～图3-69）

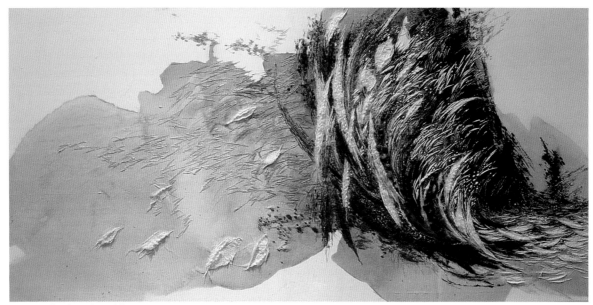

图3-66 《活力系列——波》

图3-67 《活力系列——波》局部1

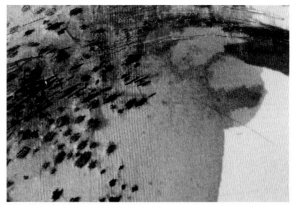

图3-69 《活力系列——波》局部3

图3-68 《活力系列——波》局部2

范例3

作品：《荷韵》

作者：洪兴宇、丁剑欣

材质：丝、绸

技法：印刷、汴绣

尺寸：120cm×180cm

时间：2012年

由中国艺术家洪兴宇、丁剑欣创作的中国汴绣《荷韵》，其绒彩夺目、严整富丽、明快奔放，在传统汴绣的基础上融入高科技的元素和技法，勇于创新，敢于超越，对当代刺绣工艺的拓展进行了很好的诠释。

作品获2012年"从洛桑到北京"第七届国际纤维艺术双年展金奖。（图3-70～图3-73）

图3-70 《荷韵》

图3-71 《荷韵》局部1

图3-72 《荷韵》局部2

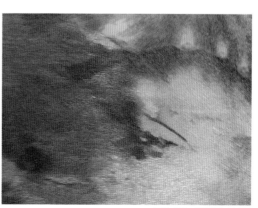

图3-73 《荷韵》局部3

范例4

作品：《清奇古怪》

作者：王绪远、梁雪芳团队

材质：丝、绸

技法：苏绣

尺寸：180cm×180cm

时间：2010年

作品取材于几棵千年古柏，它们虽遭遇雷劈面目全非，却依靠根部吸收养分，奇迹般地存活至今。"清"柏挺拔清秀、冠如翠盖；"奇"柏体裂腹空、朽枝生绿；"古"柏纹理纡绕、古朴刚健；"怪"柏卧地三曲、状如走螭。四者组合在一起，形成了一幅绝佳的古柏图。古柏强大的生命张力震撼了梁雪芳，她决定创作《清奇古怪》，并历时数年绘制了大量的设计图。

在创作中，梁雪芳本想在作品中完整展现古柏，但是定稿时，由于印刷失误，设计图只印出局部图。看着这幅"残缺图"，对艺术有着高超鉴赏力和判断力的梁雪芳马上意识到，这就是她要的《清奇古怪》。而采用残缺图作为创作素材的决定让她的导师林乐成教授大为赞赏，他认为，梁雪芳捕捉到了"清奇古怪"的魂，以"奇"为题，借题发挥，赋予作品以动感和生命力。在该作品装裱时，梁雪芳又创新理念，摒弃了玻璃框装裱，直接将刺绣的纹理清晰地展露在观者面前。"艺术应该与生活无缝对接，我不想让读者隔着冰冷的玻璃欣赏作品。"（图3-74～图3-76）

图3-74 《清奇古怪》

图3-75 《清奇古怪》局部1

图3-76 《清奇古怪》局部2

范例5

作品：《禧》

作者：王秦

材质：丝

技法：秦绣

尺寸：200cm×200cm

时间：2004年

　　秦绣起源于陕西省民间古老的绣种"纳纱绣"和"穿罗绣"，是陕西省当代刺绣艺术。与精细的苏绣、蜀绣相比，秦绣风格略显粗犷。秦绣色彩多采用块面对比，古朴典雅，鲜活艳丽，具有黄土高原粗犷、豪放、凝重的艺术风格和装饰情调。王秦的秦绣作品《禧》，构图、色彩上都有浓厚的陕北地域特色，完美展现了中国传统工艺的美感。

　　作品获2004年"从洛桑到北京"第三届国际纤维艺术双年展金奖。（图3-77）

图3-77 《禧》

范例6

作品：《唤醒》

作者：常燕

材质：画布、线

技法：手绘、刺绣

尺寸：30cm×20cm

时间：2013年

　　作者以"走出桃花源的生存试炼"为主题，运用珍贵稀有的野生动物（如斑马、丹顶鹤、麋鹿等）和带有中国气节的花卉植物（如雏菊、牡丹花、玉兰花等）为素材，畅想、描绘了如同"桃花源"般的梦景。作品在传达保护生态环境、珍惜野生动物的寓意之外，还想要传递出中国传统文化的信息。作者运用刺绣技法，大胆地将刺绘画、印染与拼贴的工艺技法创新性地结合，从而使得创作既承接了传统刺绣和印染的工艺，又做出了不同于传统的新的创新改变。（图3-78～图3-80）

图3-78 《唤醒》之一

图3-79 《唤醒》之二

图3-80 《唤醒》之三

小结要点

本单元的刺绣工艺技法稍有难度，和前面的编织工艺相比，更注重制作的精细程度。刺绣技法和其他材料的综合运用突破了传统刺绣的局限性，为学生的制作提供了更多的可能性。

为学生提供的思考题

1.刺绣工艺的材料和工艺技法有哪些?

2.讨论刺绣工艺的材质美、视觉美和触觉美。

3.思考传统刺绣工艺如何与当代艺术接轨。

4.阐述刺绣艺术对现代服饰产生了什么样的影响?

5.结合大师作品，思考如何利用刺绣工艺表达自己的艺术观念。

学生课余时间的练习题

1.总结日常生活中涉及的刺绣饰品。

2.结合一些知名的服装品牌，讨论刺绣在现代服饰中的应用价值。

3.讨论在市场上销售的刺绣工艺品有哪些? 在设计和制作工艺上还存在哪些问题?

为学生提供的参考书目

《刺绣艺术设计教程》 陈立著 清华大学出版社

《刺绣基础大全》 金珍珠著 南海出版公司

单元作业

根据单元教学内容及任课教师通过多媒体教学、作品实物讲解、技法演示等方式的讲授，设计并完成一件刺绣作品。

单元作业要求

1.设计稿要符合刺绣工艺的要求。作业规格不小于20cm×20cm。

2.作业要体现刺绣与其他材料和工艺技法的综合运用。

3.完成的作业要达到画面整洁、针脚均匀、多种技法综合运用。

4.作业完成后用木框装裱。

拼布（Patch work）是将各种形状的小片织物拼缝在一起的工艺。（图4-1）

拼布在欧美属于常见的DIY艺术创作形式，20世纪拼布在日韩得到充分的发展并且进入平常人家。因为其创作自由度相当高，并且能随意结合各种刺绣、编织、钩编等手工艺，创作者能很容易地创作出独一无二的"生活艺术品"。正因如此，拼布艺术已经慢慢成为现代城市文化中一颗璀璨的宝石，慢慢融入家庭生活，成为现代时尚的一部分。（图4-2、图4-3）

1851年，一位名叫列察克·梅里瑟·胜家的美国人发明了一种代替手工缝纫的机器——缝纫机。这个革命性的发明被英国当代世界科技史学家李约瑟博士称之为"改变人类生活的四大发明"之一。从此，拼布艺术开始被大量热爱生活的人们所青睐。1900年，来自丹佛的拼布艺术大师贝莎为可爱的孩子们设计了藏在太阳帽下的苏姑娘形象，但是贝莎自己都没有料到，她手中的苏姑娘在之后的100年里风靡全球，不仅仅是小孩，连欧洲各国王

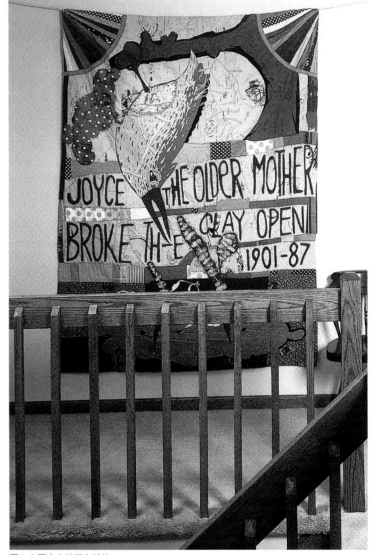

图4-1 拼布练习 寿家梅

图4-2 居室中的拼布挂饰

室都无比喜爱，并纷纷学习拼布。（图4-4）

　　日本昭和年间，拼布艺术由美国传到日本，裕仁天皇王妃率先学习拼布，从那时开始，拼布艺术慢慢成为日本新娘的必修课，隐隐有成为国技的趋势。现在中国各地也都出现了很多拼布爱好者。在各种艺术展览中，拼布这种艺术形式以其自身的艺术魅力，感动着观众，并使更多的人加入到拼布艺术的设计与制作中。（图4-5～图4-7）

图4-3 会议室中的拼布挂饰

图4-4 拼布艺术大师贝莎设计的苏姑娘形象

图4-5 《友情之杯》平泽由美子（日）

图4-6《Movement》Yasuko Saito（日）

图4-7《花唐草》岛野德子（日）

一、褶皱与塑造

褶皱，就是将面料的表面通过抽褶、系扎、皱叠等方法，使其产生各种不同的肌理，在光源照射下呈现明暗变化，从而产生色彩的变化效果。这种褶皱可以由水平的线脚抽缩形成水平或者垂直状的褶痕，也可以由点的结扎形成放射状的褶皱。褶皱所形成的自然和偶然形态，进一步丰富了面料的造型。（图4-8）

日本大阪艺术大学的小野山和代一直以来都是以现成的布为材料进行制作的，她的创作理念是"引出蕴含在布中的情趣"，以"抽紧布的经线和纬线"使布产生褶皱。面料

是由经线和纬线交织而成的，线的松紧会影响布本身的变化。由此，小野山对构成面的原则有了再认识，从织好的布中抽出一根线，布的表面就会发生变化，她从中找到了褶皱形成的方法。小野山的作品在视觉效果上，比起色彩来，更重视布的重叠、阴影及材料的质地，还要表达出布本身所具有的趣味性（图4-9）。1986年～1991年，作为"三角布系列"，小野山和代把具有各种趣味的现成品素色织布裁成三角形，用缝纫机进行多次缝合构成面，形成了表现儿时记忆中像波光一样风景的作品。她的作品中经常会用到20～30种布的材料，利用各种布的微妙差别，制作表现造型和立体感的作品。（图4-10、图4-11）

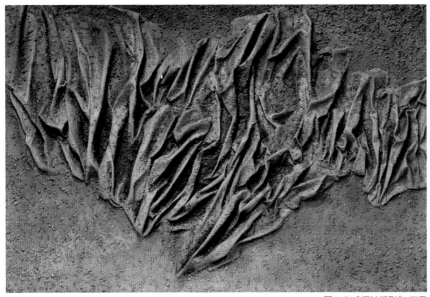

图4-8《褶皱塑型》王霞

图4-9 面料褶皱塑型

美国大地艺术家克里斯托也是以布为材料包裹物体进行创作，他包裹的建筑物包括意大利的纪念碑、德国国会大厦。他在美国加州完成了长达24km的长栅栏，在科罗拉多大峡谷悬挂了约417m长的帷幕。其作品工程巨大、气势宏伟，布的包扎、捆绑所产生的褶皱形成非常流畅的线条。 （图4-12、图4-13）

图4-10《orikaata》120cm×200cm 2006年

图4-11《orikaata》局部

图4-12 被包裹的德国国会大厦 1995年

图4-13《峡谷帷幔》1970年

二、缝纫与拼贴

缝纫技术，从最初的手工缝纫到现代的机械缝纫，它的可塑性被艺术家广泛地运用到创作当中，从而在创作过程中又产生了许多新的技法。拼贴是我国民间常见的一种由布拼缀而成的工艺品，如山东的布老虎、陕西的蟾蜍等用以辟邪的配饰和挂件。（图4-14、图4-15）

图4-14 山东布老虎

4-15 蛙形耳枕 陕西宝鸡文化馆藏

缝缀和拼贴在日常软装饰用品中也很常见，绗缝工艺就是其中一种，至今已有500余年的历史。绗缝是用长针缝制有夹层的纺织物，使里面的棉絮等固定。手工和机器绗缝都能在面料上浮现出凹凸不平的立体图案。绗缝工艺手法极为复杂细致，体现出使用者高雅的生活品位，因此被很多世界顶级品牌用来制作床品、服饰、配件等，在世界范围内广为流行。（图4-16～图4-19）

在软装饰艺术作品中，缝缀和拼贴的选材范围很广，各种单色面料和印花面料，各种丝织带、废弃衣物、碎布条等，都可以进行组合创作。在制作过程中，要注意把握不同材质之间的质地对比、构成比例关系以及色彩的搭配。（图4-20、图4-21）

图4-16 绗缝练习 张昭越

图4-17 绗缝练习 张昭越

图4-19 绗缝被面

图4-18 绗缝壁饰

图4-20

图4-21

图4-22《三星·光》168cm×160cm×2cm 2001年

图4-23《复屈折》162cm×162cm×10cm 1991年

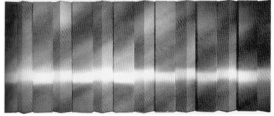

图4-24《雷神》240cm×700cm 1991年

三、染工艺

染工艺历史悠久，按工艺类型分为夹染、蜡染、扎染、缬染、型染等。染工艺制品在以前更多的用于日常生活用品中，例如染布、染丝线等。

接受中国文化启蒙的日本，其染色的技艺是在公元三四百年间由中国传入的，然而，在其独特的环境中竟展现出惊人的魅力。日本许多当代艺术家都以"染"的方式进行创作，为这一古老的技艺融入了新的内涵。福本繁树——大阪艺术大学副教授，父亲是位染艺大师，他所受到的早期学院教育则是绘画，从小耳濡目染日本丰富的染印传统，使得他在转换创作媒体中，融入了当代的美学精神与兴趣，阐述出染的新意境。福本的作品呈现出一贯的冷静、简洁，精确的几何线条构图，如同宏观的抽象世界，其早期的作品在线条的转折、光晕的凝聚、色彩的推展，以及不规则色块的堆砌中，构筑了一种自然景观的氛围。于是，福本也以"层叠"为题创作了一系列作品。这类作品以数层的条纹布在转折交叠中，呈现出一种诡异而曼妙的视像。如同硬边几何的构图，对于布原有的柔软性，以及画面中温润的粉色调，自然也产生了视觉张力，而画面在线型的分割中，更展现出了一种空间的向度。如作品《三星·光》是在纯棉布和亚麻布上进行染色，然后将其切割，重新组合、镶贴在一起，作品大约用了160000块布进行创作（图4-22）。最近几年来，福本将作品呈现在如同折叠屏风的架构上，让作品可以独立在三维空间中，也让原本具有立体厚度的布，在空间中得以

重新被认识，例如作品《复曲折》《雷神》由18～20个面组成，各幅面的宽度有着规则性的变化，画面回归到了纯粹线条与光的游戏。于是色彩图像在空间中进出与扩展，就如同在连续幅面的转折中尽情地吟唱与抒怀。（图4-23、图4-24）

传统上蓝染与棉布是最佳的表现"伙伴"，蓝布染色的深浅可以由染料的浓度以及浸入染缸的次数来决定，并且在无数次的重复染色中，可以产生各种不同的层次效果，创造出一种引人入胜的画面。因而，如此的物质性特色，让蓝染成为艺术家或工艺家创作上的纯粹色彩媒介。福本潮子向传统大师学习蓝染，自己研习绞染技术，以求不断突破艺术表达上的形式语言。例如作品《风》保留了绞染过程中部分的针缝区域，让布的折痕如扇子般展开，创造出三度空间的波纹，让建构出的格式造型与蓝染图案，共同铺陈出清风流云的款款乐音，与传统绞染的平面性与装饰性图案完全不同（图4-25）。又如《夏夜》是荣获2006年"从洛桑到北京"第四届国际纤维艺术双年展金奖的作品，作者将她在中国新疆吐鲁番选购的麻布，经过重新处理，用日本传统技艺染成了一幅浸润着夏夜浪漫气息的力作，表达的是"海上升明月"的诗化主题，体现的是崇尚简约的创作理念。画面上的可视形象只有湛蓝的海水与澄明的月亮，简洁而不单调，留给观者的是无限的遐思。作者用梳子、钢针和镊子等工具，将麻的经纬纤维进行解析，形成疏密有致、丰富多变的海水波纹，染色时对月亮的形的控制极富技巧，边缘明确而又含蓄，幻化为朦胧温馨的视觉形象。（图4-26）

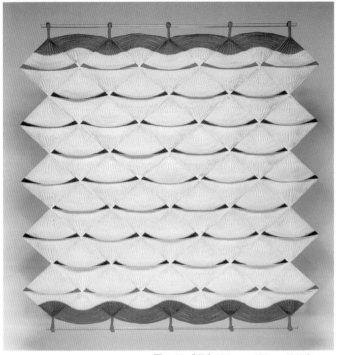

图4-25 《风》180cm×180cm 1987年

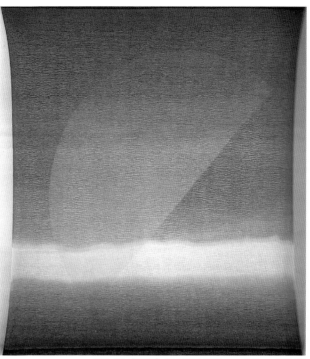

图4-26 《夏夜》福本潮子 200cm×200cm 2006年

四、绗缝艺术大师介绍

琼·舒尔茨（Joan Schulze）

琼·舒尔茨是美国著名艺术活动家，"从洛桑到北京"国际纤维艺术双年展作品评审委员，于1998年获日本东京国际论坛"世界绗缝展"金奖。"绗缝"在琼·舒尔茨手中由"技"而"道"，成为艺术创作的重要媒介。琼·舒尔茨在艺术的世界里畅游了40年，以她独特的女性意识和诗性精神创作了璀璨无比的作品。她不断地突破传统的藩篱，用创新的技巧与方法，将图像信息材料通过数码影印等多种综合手段拼贴缝缀于织物之上，表现了当代文化的视觉性和后现代影像的随意性，从而融汇成一种新的艺术结晶。（图4-27~图4-29）

图4-27 《社区》 98cm×121cm 2010年

图4-28 《请柬》76cm×208cm 2008年

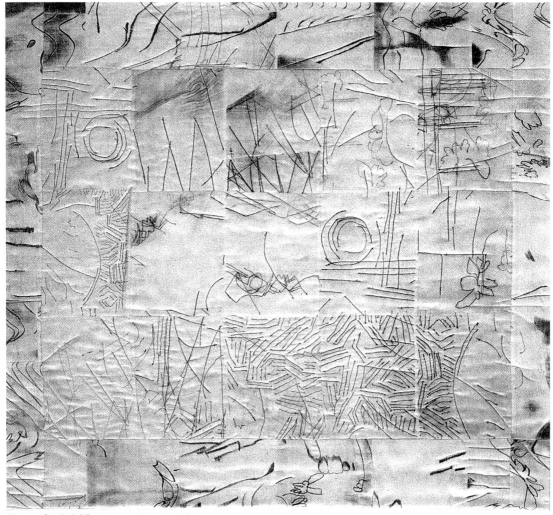

图4-29 《千载难逢》112cm×122cm 2006年

五、制作范例

范例1

作品：《清·远·静》
作者：李薇
材质：真丝绢、水纱
技法：印染、手绘
尺寸：800cm×110cm
时间：2010年

清华大学美术学院的李薇教授一直在探寻各种材料进行创作，她早期使用纸材料创作，希望创作具有水墨感，动静、虚实相结合的作品；后来开始寻找丝纤维，但还是觉得材料缺少充足的表现力。在一个偶然的机会下，她接触到了朋友自织的"水纱"，这种如马王堆蝉衣般柔顺、轻薄的材料让她一下子找到了灵感。"我喜欢那种看上去很含蓄，但是又有一种内张力，能渗入到心里去的材料。"于是，她开始了与材料的对话。她把材料当作"基因"，进行"分解"和再创作。经过无数次的尝试，她创作了一组组服装作品、装置作品和纤维作品。于是作品《清·远·静》应运而生，该作品充满了水墨般的情怀和中国式的意蕴，传统与现代结合，简约与大气并重。既根植于中国传统文化的土壤，又在中规中矩里多了一份个性和颠覆。正是因为这一贯的审美感和创意感，才使她的作品材料多变而风格鲜明。最近，李薇教授的创作跨界到了屏风、壁挂，"我不能一直沿着过去的路走，要不断探讨新材料和新手法"。

作品荣获2010年"从洛桑到北京"第六届国际纤维艺术双年展金奖。（图4-30、图4-31）

图4-30 《清·远·静》

图4-31 《清·远·静》局部

图4-32《花季》

范例2

作品：《花季》

作者：陈燕琳

材质：纱布、棉布、棉、木珠

技法：缝缀、包裹、褶皱

尺寸：100cm×60cm×3

时间：2004年

作者作为一名服装设计师，以其独特的细腻感情及对材料充分的把握，使面状材料构成了一种比较直接的自由的自然意象。作者采用单纯的原白棉布和棉纱布，以缝缀、包裹等工艺技法创作出了壁挂作品，把意象中的花季形象转化为用棉纱塑造的盛开的花朵，中间点缀着棉纱包裹的果实。作品的形象介于具象与抽象之间，在不同质感的纤维布料之间进行穿插构造，把想象中的花季转化成形态各异、大小不一的花朵。朴素单纯的材料质地和错综变化的"结""缝""缠"等技法产生层次和起伏，在柔和的暖黄色灯光的照耀下，形成丰富的光影效果。含蓄的光影与主体形象合二为一，在半浮雕的状态下，起伏闪现，别有一番独特的纤维味道。（图4-32～图4-34）

范例3

作品：《来自夜晚Ⅰ，Ⅱ》

作者：Jung Yea Geum（韩国）

材质：无纺布、棉布、针

技法：染、缝纫、剪

尺寸：290cm×300cm×5cm

时间：2010年

韩国艺术家Jing Yea Geum的作品具有鲜明的个人特色，首先在棉布上用染色的技法完成画面，将染好的布叠加在另外一张深色的布上，用缝纫机在上面缝纫2cm宽的斜线，然后用剪刀将两条缝纫线之间的上面那层布平行剪开，剪开的部分向上翻起，若隐若现地露出下面的底布。营造出的肌理使整个画面产生一种含蓄、朦胧的视觉效果。（图4-35～图4-37）

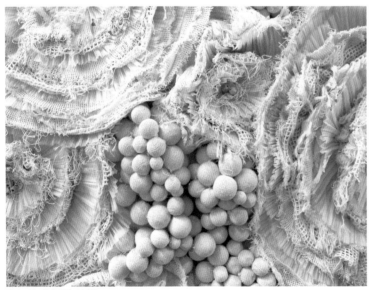

图4-33《花季》局部1

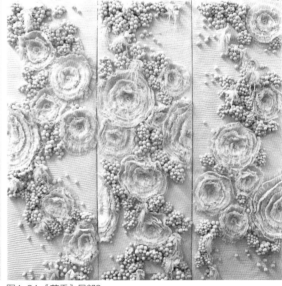

图4-34《花季》局部2

图4-36 《来自夜晚Ⅰ，Ⅱ》局部1

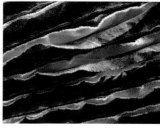

图4-37 《来自夜晚Ⅰ，Ⅱ》局部2

图4-35 《来自夜晚Ⅰ，Ⅱ》Jung Yea Geum（韩国）

范例4

作品：《都市风景》

作者：Chu Young Ae（韩国）

材质：牛仔、纱

技法：裁剪、拼合、缝纫

尺寸：160cm×230cm×5cm

时间：2008年

在展厅初见这幅作品还以为是写实绘画，走近才发现竟是用很多块牛仔布拼贴而成。房屋、街道、店铺秩序井然，不同颜色的牛仔布营造出了空间的深度和建筑物的立体感。牛仔裤牌的点缀使画面有了生气，细布条穿插其中使画面充满了灵气。制作拼贴的牛仔布都是来自于一些普通的旧牛仔裤，但通过艺术家的巧妙运用，构成了一幅令人惊叹的奇妙画面。（图4-38～图4-40）

图4-38 《都市风景》Chu Young Ae（韩国）

图4-39 《都市风景》局部1

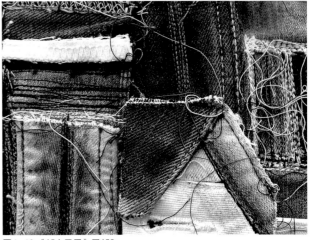

图4-40 《都市风景》局部2

图4-41 《大浪淘沙》

范例5

作品：《大浪淘沙》

作者：禹贵鑫（四川美术学院2010级工艺美术系学生）

材质：麻布、棉布、棉线

技法：裁剪、染色、折叠、组合

尺寸：250cm×120cm

时间：2014年

作品《大浪淘沙》是运用各种布料的肌理变化营造出一幅气势磅礴的画面。布料被组合成高低错落的块面，犹如海浪一般，层层变化，表面的肌理效果和色彩变化，塑造出一幅气势磅礴、震撼的场景。

作品制作过程：先将布料根据效果图的颜色染色，然后将染色的布料裁成需要的尺寸，再对折，将对折处缝合在布上，这个阶段要注意布的块面关系和疏密关系，形成一种自然的肌理变化。裁剪后的布料边缘会产生很多松散的线，这些线能够弱化生硬的块面，创造出一种别有韵味的雾状肌理，正是因为这种肌理作品的表现形式有了新的变化，出现了新的形式美感。作品在制作过程中没有过多地强调工艺性，而是以最大的可能性探究布的可塑性，更纯粹、更直观地表达布这一特定材料的肌理效果。（图4-41～图4-43）

图4-42 《大浪淘沙》局部1

图4-43《大浪淘沙》局部2

范例6

作品：《栖息地》

作者：林丽君（四川美术学院2010级工艺美术系学生）

材质：棉布、棉花、棉线

技法：裁剪、手缝、编绳、组合

尺寸：210cm×130cm

时间：2014年

拼布艺术的乐趣在于它拼贴时的趣味性，布料的材质，丰富的色彩，手工缝制透出的朴实，使作品焕发出亲切、平易的温情，为环境增添了动感和诗意并呈现出内在的张力，传达出可供生命栖息的温暖。

作品《栖息地》意在传达回归自然、回归本质的审美追求。在整个设计中利用布料所特有的视觉、触觉的肌理来表现自然形态，把自然的形态转化为拼布的语言，手工缝制还原了自然材质的朴实感。

作品制作过程：①把布料剪成不规则的小块，按照同色系组合，拼接在一起，每4～5小块拼成一大块，然后手工缝制起来，缝制过程中有意地留出不规则的线在表面，或是边做肌理边缝制，使布块表面形成丰富的肌理效果。②剪出与拼接好的布块形状相同的底布，将两者缝合。③放入填充物，封口，加入填充物的布块视觉上显得较厚重。④用缝纫机在布块上缝出一条条曲线，产生凹凸不平的起伏感。⑤作品中间部分是将布条编织后拼接成的一个平面，细腻的编织纹理和平面的拼贴处理与周围的布块产生强烈的视觉对比。（图4-44～图4-46）

图4-44《栖息地》

图4-45 制作过程

图4-46《栖息地》局部

小结要点

本单元的拼布工艺技法简单、操作性强，主要是让学生掌握各种布质材料的特性和肌理质感，能够利用它们塑造各种形态，并能够综合运用其他材料和布料的结合。

为学生提供的思考题

1.拼布工艺的材料和工艺技法有哪些？

2.讨论拼布工艺的材质美、视觉美和触觉美。

3.思考拼布工艺如何与当代艺术接轨。

4.阐述拼布艺术对现代家具和服装产生的影响。

5.结合大师作品，思考如何利用拼布工艺表达自己的艺术观念。

学生课余时间的练习题

1.总结日常生活中涉及的布艺饰品。

2.讨论布艺饰品在现代家居中的应用价值。

3.讨论在市场上销售的布艺工艺品有哪些？在设计和制作工艺上还存在哪些问题？

为学生提供的参考书目

《拼布基础入门》王建萍著　东华大学出版社

相关手工类杂志及网络信息，是指导考察的重要依据。

单元作业

根据单元教学内容及任课教师通过多媒体教学、作品实物讲解、技法演示等方式的讲授，设计并完成一件拼布作品。

单元作业要求

1.设计稿要符合拼布工艺的要求，作业规格不小于40cm×40cm。

2.作业要体现布艺与其他材料和工艺技法的综合运用。

3.完成的作业要达到画面整洁、材质多样、制作细致、肌理层次分明、多种技法综合运用。

第五章

皮革工艺

一、手工皮具的价值和个性化设计

手工皮具，首先想到的是奢侈品的代名词——爱马仕（Hermes）。1837年，Thierry Hermes以自己的名字创建了"爱马仕马具工作坊"，专为马车制作各种精致的配件。"二战"后爱马仕做出两个重要决定：一是将主力商品从马鞍转到手提包；二是即使改变商品，但制造过程仍坚持传统手工制作。"我们不是时装屋，也不是个时尚品牌"，爱马仕全球总裁Patrick Thomas接受《第一财经周刊》专访时说，"虽然我们在这个时尚产业里面，但我更愿意说我们是手工匠人。"手工匠人，似乎是近两个世纪来爱马仕家族6代人固守且引以为豪的身份。

千万不要仅仅以为爱马仕的制作传奇属于技术，它比技术更注重的是挚爱、是灵感、是责任、是不懈、是快乐、是情谊，是一切在今天这个日益物质主义的世界里被忽略的、被遗忘的手工文化的内涵。（图5-1～图5-4）

图5-1 爱马仕的工具和缝线

图5-2 爱马仕工匠的制作

图5-3 爱马仕工匠的制作

图5-4 爱马仕商业广告

图5-5 意大利的手工皮匠

图5-6 一针一线的缝制

图5-7 日本手工皮具品牌GENDEN局部1

图5-8 日本手工皮具品牌GENDEN局部2

　　手工皮具，追求的是浓郁的自然气息和返璞归真的风格。手工制作的皮具使用时间越长越有复古和怀旧感。纯粹的手工爱好也是最惬意的，添置工具材料，利用闲暇时间根据自己的心情喜好设计制作，完工后或欣赏或分赠好友，生活情趣跃然皮艺之中。（图5-5、图5-6）

　　个性化的设计充满灵性，每一件作品都融入了制作者的情绪、智慧、辛劳，彰显出独一无二的个性与审美。优质的皮革、精湛的手工、不羁的自我表达，是每一个手工皮具制作者的追求。（图5-7、图5-8）

二、皮革的种类及选购

　　皮革自古以来就是人们熟悉的天然材料，并用于生活、服饰甚至武器装备等方面。动物皮革具有其他天然素材所没有的柔软度与伸展性，很多艺术家选用皮革作为创作材料，采用皮雕、皮条编织、拼皮和皮上印染等表现技法制作出个性化极强的皮具艺术品，下面介绍一些皮革的种类以及选购方法。

　　皮革是割除动物的肌肉后所得的副产品，在经过鞣制处理（剔除脂肪、污垢等废物，再做防腐、耐热和软化的一系列作业）后，才能成为具有实用功能的"皮革"。

图5-9 黄牛皮

图5-10 牛皮背包

图5-11 猪皮革

1.牛皮革

牛皮革是最为常见的一种皮革材料,牛皮的特征是革面毛孔细小,呈圆形,分布均匀而紧密,皮面光亮平滑,质地丰满、细腻,外观平坦柔润,用手触摸质地坚实而富有弹性。如用力挤压皮面,有细小褶皱出现。

黄牛皮:毛孔细小、呈圆形,分布均匀而紧密,毛孔较直地伸向皮内,排列不规则,好像满天星斗。革面丰满、光亮,皮板柔软、纹细、结实,富于弹性。

水牛皮:毛孔比黄牛皮粗大、稀少,皮质较松弛,一般用做鞋底。(图5-9、图5-10)

2.猪皮革

猪皮革表面毛孔圆而粗大,较倾斜地深入革内,毛孔比较稀疏,排列非常有规则,即三个毛孔组成一组,均匀分布于整个革面。

猪皮皮革制品因为其表面构造与羊皮、牛皮不同,具有良好的通透性,如果加工得当的话,是制作皮革制品主辅料的很好选项。(图5-11)

3.其他皮革

羊皮革纤维细致、均匀,革面毛孔扁圆,毛孔清晰,排列有规律,常用来制作皮衣。此外还有鹿皮、蛇皮、鳄鱼皮、鱼皮、鸵鸟皮、蜥蜴皮等,也是皮革制品中常见的材料。(图5-12~图5-15)

图5-12 羊皮革

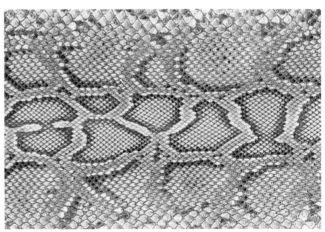

图5-13 蛇皮

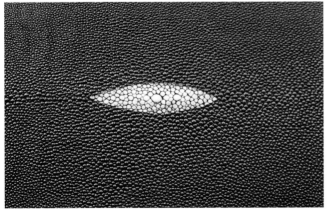

图5-14 珍珠鱼皮

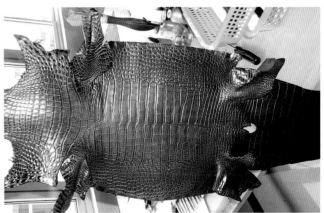

图5-15 鳄鱼皮

轻松识真皮4招：

第一招：看

真皮纹路的分布是不均匀的，因为在"捽皮"这一道工序过程中，纹路会顺着皮的自然纹路而成，所以会形成错落有致的纹路，而两层以上的皮革是不会有这种错落的纹路的。

第二招：捏

真皮具有很好的弹性，按下去后会很快恢复原状，扯一下也会看到不规则的自然纹路。

第三招：闻

真皮闻起来有一种自然的动物体味，闻不习惯的人闻起来感觉到的是一种淡臭味。假皮或皮革闻起来有一种类似塑胶的刺激性气味。

第四招：烧

用火烧时，真皮不会结硬疙瘩，有燃烧头发的味道，而假皮燃烧时会结硬疙瘩，并散发出刺激的味道。

三、皮革制作的基础工具

1.裁切工具

(1)塑胶垫板

专业打孔垫板，手工专用，塑胶有弹性和韧性，用于给皮革打孔、铆合铆钉、安装金属扣、安装气眼、切割皮革小样等，垫在桌子上，既保护桌子，又保护菱斩、刀具的刃口，并且降低工作时发出的噪音。(图5-16)

(2)金属尺子、三角板

量裁皮革用，金属尺子比塑料尺子耐用，不易磨损。(图5-17)

(3)锥子

可以代替笔在皮革上画线，亦可用于穿孔。(图5-18)

(4)裁皮刀

专业的裁皮刀价格昂贵，初学者可用壁纸刀代替。注意：裁割皮革的刀刃一定要锋利，不然裁出的边缘不整齐。(图5-19)

(5)削薄器

削薄皮革边缘的工具，工具上的刀片，薄而锋利，防止太深地切割皮革，通常用做削薄皮革缝合边缘，熟练使用后保持一定的角度，使削薄能保证一定的厚度，且工作更有效率和准确。(图5-20)

图5-16 塑胶垫板

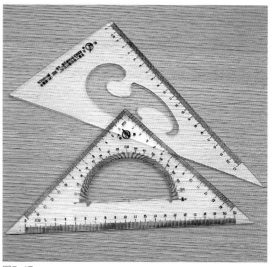

图5-17

图5-18 锥子

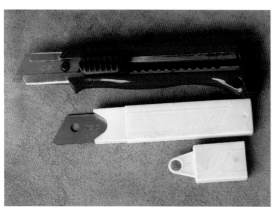

图5-19 裁皮刀

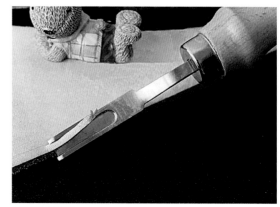

图5-20 削薄器

图5-21 边线器

图5-22 边线器操作

图5-23 两种样式的边线器

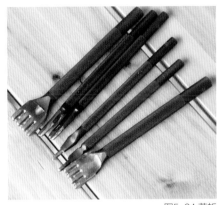
图5-24 菱斩

图5-25 菱斩打孔

图5-26

2.打孔工具

(1)边线器

边线器可给皮革压边线，可以调节宽度，在植鞣皮革上压出精致的缝合边线，在线上用菱斩打孔缝合。也可以用来压边缘装饰线，比如钱夹上的装饰边线，这是皮革制品常用的装饰手法，加上装饰线，皮革边缘会显得高雅细致。在植鞣革上需要压线的地方事先擦上水，会较容易压出边线。(图5-21~图5-23)

(2)菱形打孔器（菱斩）

在皮革上打出菱形的扁洞，然后用麻蜡线手工缝，只有使用这种菱形斩打出的孔，才能缝出日本的"饺子型"手缝线迹。打孔时把皮革放在塑胶板上，可以保护斩尖，也可以避免损坏桌面。

菱斩齿数越少的越容易把孔打穿，比如两齿就容易敲进去，齿数多的，比如十齿，冲压的力量就被分散到多个齿上，需要使用更大的力气来敲击。初学者可以选择两齿和四齿的菱斩，单齿是用来打直角拐弯位置的孔，两齿是用来打拐弯有弧度位置的孔，多齿是打直线的孔。

菱斩打孔时需要使用木槌或者重一磅以上的皮雕槌。(图5-24~图5-26)

(3)冲子

冲子有圆孔冲子和花型冲子。圆孔冲子用于打皮带孔和安装四合扣、铆钉，用最小号的圆孔冲子也可代替菱斩打出缝线孔；花型冲子可以在皮革上打出各种装饰性的孔洞。(图5-27~图5-29)

(4)木槌

皮革制作专用工具，不会损伤菱斩、打孔、印花等工具。(图5-30)

图5-27 圆孔冲子

图5-28 圆冲打孔

图5-29 花型冲子

图5-30 木槌

图5-31 皮革用白胶

图5-32 针

图5 33 针

3.粘贴工具

皮革用白胶：适合皮革、纸制品、布、木制品等的粘合，是强力速干型的胶粘剂。将其涂在两片皮革上，在没全干之前互相粘合上即可。也可在手缝收线时点一点粘在线上，防止线头开线。（图5-31）

4.缝合工具

(1)针

手缝用针，针尖圆头，不扎手，比较安全。(图5-32、图5-33)

(2)麻蜡线

皮革手缝专用麻线，拉力强，不易断裂，结实牢靠。在日本、美国的手工皮具中普遍使用打过蜡的麻线。（图5-34、图5-35）

(3)蜡

适合手缝使用，使用麻线之前用蜡润泽，可直接擦在线上，也可用作工具的润滑。(图5-36)

(4)尖嘴钳

缝皮具边角的时候缝线不易拉出，可用尖嘴钳辅助。（图5-37）

图5-34 麻蜡线

图5-35 麻蜡线

图5-36 蜡

图5-37 尖嘴钳

图5-38 砂纸

图5-39

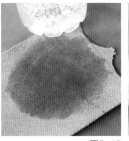
图5-40

图5-41

图5-42

图5-43

图5-44

5. 修整工具

(1) 锉刀、砂纸

打磨皮具边缘，使之平整光滑。（图5-38）

(2) 皮革边缘处理剂（CMC）

白色粉末状，用来处理皮革毛面的边缘和皮革背面。将大约10gCMC粉末兑大约200ml的热水，搅拌成稀粥状，可根据需要调节浓稠度，涂在皮革边缘并用圆边器或丝瓜布磨光，会得到一个透明平滑的边缘。（图5-39～图5-41）

(3) 皮边油

先把皮革边缘打磨平整，然后用刷子、棉垫、毛笔把皮边油涂抹皮边。以上步骤可重复操作。（图5-42、图5-43）

6. 保养工具

保革油(水貂油)：由油脂和水貂油构成，能够深入到皮革纤维内部，使皮革复原本来的状态，给予皮革柔软性和张力，焕发出稳定的光泽，是高质量的保护皮革的保养油，也能够遮住皮革上细小的划痕。（图5-44）

7. 安装工具

各种四合扣、铆钉、气孔的安装工具，注意购买时要和所选四合扣、铆钉、气孔的型号一致。（图5-45～图5-47）

图5-45 各种安装工具和扣件

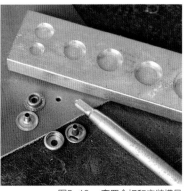
图5-46 一套四合扣和安装模具

图5-47 安装四合扣

四、皮革制作基础工艺

1.裁皮

(1)纸版打样。先用硬纸板打样,这一步骤很关键,要严谨对待,纸板没打好会影响皮具的外形,亦会影响后面的各个制作环节。(图5-48)

(2)把打好的纸样用皮革专用笔画到皮上。如果是植鞣革不建议用皮革笔,建议用锥子或无水的圆珠笔在皮革上画出痕迹。(图5-49)

(3)用专业裁皮刀或者美工刀、手术刀、剪刀裁出皮子,注意剪裁整齐,不然会影响后面的边缘处理。(图5-50)

2.皮面和皮背的处理

皮面用保养油涂一遍,植鞣革可用牛脚油,普通皮革只要清洁干净就可以了。皮背用调得稀一些的CMC涂一遍刮平,也可用塑料三角尺刮,保革油和CMC干透后开始做初步粘合。(图5-51、图5-52)

3.粘合

(1)有一些皮要做双层皮粘合,比如包盖,很多万能胶都能粘合,U胶、AB胶、白胶也可替代。

(2)临时粘合,用双面胶粘合,只是起到定位作用,两层皮一起打孔时容易滑位,打完孔以后撕掉即可。

4.打孔

(1)画边线。在要缝线的皮具边缘用边线器画一道线迹,以保证打孔不会歪斜。(图5-53、图5-54)

(2)菱斩打孔。菱斩一定要放垂直,敲打用力要均匀,不然皮厚时正反面会不整齐。(图5-55、图5-56)

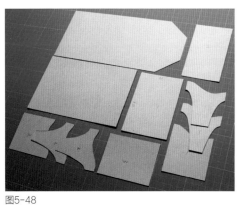

图5-48

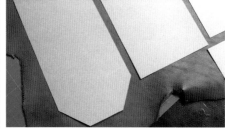

图5-49

图5-50

图5-51

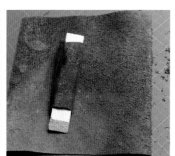

图5-52

图5-53

图5-54

图5-55

图5-56

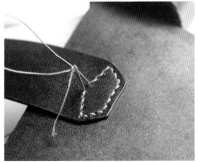

图5-57　　　　　　　　　　图5-58　　　　　　　　　　图5-59

5.缝合

手工皮具的缝线一般采用上过蜡的麻线，也可以用腈纶线。线量到合适的长度（大概是要缝长度的3倍+挂线部分）。针穿在线的两头，来回缝。（图5-57、图5-58）

6.修整

缝完后再一次核对边缘，先用粗砂纸后用细砂纸反复打磨修整，以保证边缘完全一致。（图5-59）

7.封边

在修整齐的边缘上涂上CMC或者皮边油，注意尽量涂在边缘上，不要弄到皮面上影响美观。待干后用800号以上砂纸打磨平整继续涂上CMC或者皮边油，这个过程就是反复打磨和涂抹皮边油，一直到做出光滑圆润的封边。（图5-60、图5-61）

五、皮雕工艺

开始选择皮雕材料之前，必须先有正确的皮革常识。

各种动物的生活地域、环境、兽龄有差异，制成的皮革也会有很大的不同。一般说来，寒带动物都有上好的兽毛，但是皮的纤维非常粗糙，狸和狐就是代表。而温带、热带的动物，则是细润、柔软的上等皮料来源。即使是同一种动物，不同季节里所取得的皮材也不一样，内行人称为夏皮或冬皮，应依照使用目的恰当地选择。

雕刻用皮革，最佳选择是优质黄牛头层植鞣革，这是一种用植物鞣剂鞣制而成的皮革，属于全粒面皮革，适于染色。不含对人体有危害的物质，可用于手包、背包、马具、鞋垫、鞋里、帽里沿口、皮带等与人体接触的皮革制品。这种皮革经过鞣制加脂后，皮革柔软，纤维组织紧实，延伸性小，成型性好，无油腻感，革的粒面、绒面有光泽，吸水易变软，容易整型，最适合制作皮雕作品。（图5-62、图5-63）

图5-60　　　　　　　　　　图5-61

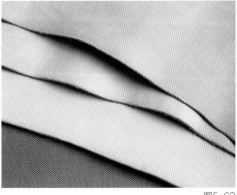

图5-62　　　　　　　　　　图5-63

皮雕首重雕工之美，其基本步骤如下：

1.选用大小适当的皮革材料，在雕刻前用水适度湿润皮革，使其膨胀变软，增强皮革的可塑性。当湿润的皮革几乎恢复原来的颜色时，便可开始图案转绘。必须注意的是皮革若过于干燥，就不易切割；若过于湿润，则不易留下切割的痕迹。（图5-64）

2.设计雕刻的图案纹样，并将图案描绘在透明纸上。（图5-65）

3.运用圆头铁笔依图案纹样线条，将图案纹样转绘到湿润的皮革上。先描出其轮廓，再描绘其他细部图样，运笔要坚定、有力，如此便能将图案纹样完美地描绘在皮革上，必须随时检查线条有无遗漏。（图5-66、图5-67）

4.顺着皮革上转绘图案纹样的痕迹，使用旋转刻刀刻画出弯曲的图案轮廓线条。使用旋转刻刀时，刀刃面向执刀者，刀身向外倾斜45°～60°，切入大约皮革1/2～1/3的深度，向执刀者面前刻画线条，一次刻画完成较佳。有时需左手拉住皮革的一端，配合曲度旋转，才能刻出理想的曲线。（图5-68、图5-69）

5.使用打敲工具及印花工具，在图案纹样上敲出基本轮廓及阴影，并依设计敲打背景纹样，制造出图案纹样的立体感。（图5-70、图5-71）

图5-64

图5-65

图5-66

图5-67

图5-68

图5-69

图5-70

图5-71

6.利用旋转刻刀刻画装饰线条,对皮雕作品进行再次修饰,让画面丰富生动。

7.依设计选用染色方法,使图案纹样栩栩如生。常见的皮革染色法有油染法、糊染法、防染法、水晶染法、干擦法、蜡染法、压克力染等。若不上色,经过表面处理后,则更能保持皮革本身的特性。(图5-72、图5-73)

8.待图案雕刻、染色制作完成,确认无尘埃附着后,使用皮革亮油以画圈方式轻轻在皮革表面擦拭,增加光泽,涂上一层后不要再重复擦拭。皮革亮油有保持皮革品质、外观及保护皮革的功能。(图5-74、图5-75)

9.完成作品。利用皮革绝佳的可塑性,每一件皮雕作品都融入了作者的视觉美感及创意巧思,因此都是独一无二的艺术品。(图5-76、图5-77)

(制作步骤演示:刘媛媛 四川美术学院2010级工艺系学生)

图5-72

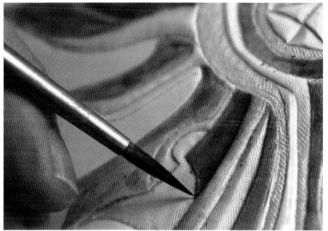

图5-73

图5-74

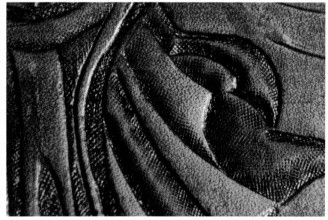

图5-75

图5-76

图5-77

图5-78

六、手工皮艺达人介绍

1.聚变

　　聚变工作室的创立者聚变（网名），其皮具工艺源自法国皮具名家，受法国、瑞士名师亲授，曾在欧洲多家著名皮具公司供职，有十多年皮具设计及制作经验。

　　聚变工作室的制作用料讲究，除了常见的牛皮之外，鳄鱼皮、蛇皮、鸵鸟皮等名贵皮革也运用在了创作中，使皮具作品显示出卓尔不凡的高贵气质。精湛的手工制作工艺、独具匠心的设计使其成为网络上颇具人气的皮具达人。（图5-78～图5-84）

图5-79

图5-80

图5-81

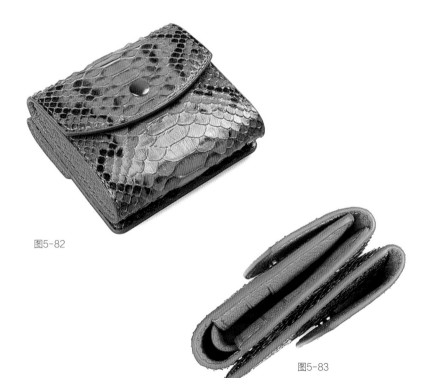

图5-82

图5-84

图5-83

2.凯一

凯一（网名），"K1art工作室"的创立者。和聚变严谨的设计制作风格相比，凯一更突出的是个性化的、极具视觉张力的表现，作品糅合了传统的皮革制作技法和新锐、前卫的独特设计。所有作品从制版、下料、染色、缝制、打磨……都是独立完成的。在他身上，我们看到了一位匠人对艺术的狂热和天赋，更看到了一个年轻人少有的认真与执着。知名文创策划人沙皮先生评价道："这真是一针一线一世界。手工并不等于粗糙，一针一线的缝合都融入作者的诚意。精美的手工皮具，正适合'恋物癖'的你。个性无法拷贝，创意不可复制。当手里捧起只属于你的唯一的这件物品，任皮革的香气弥漫在空间中，忘却现代生活带来的一切浮躁。当你的手指轻抚过光泽柔润的皮革表面，请你记住这个名字——凯一。"（图5-85～图5-90）

图5-85

图5-86

图5-87

图5-88

图5-89

图5-90

小结要点

本单元的皮革工艺技法稍有难度，工序复杂、制作周期长，更强调设计的完整性和可操作性。和前几单元所学工艺相比，皮革工艺更注重设计的严谨和制作的精细程度。

为学生提供的思考题

1. 手工皮具的价值在哪里？

2. 讨论在皮具制作中最易出现的问题。

3. 思考如何在皮具设计中融入自己个性化的表达。

4. 阐述皮具制品在现代服饰中的地位。

5. 结合网络皮具制作达人的作品，思考自己的优势有哪些？

学生课余时间的练习题

1. 总结日常生活中涉及的皮具制品及存在的意义。

2. 结合一些知名的手工皮具品牌，讨论手工文化的精神内涵。

3. 讨论目前市场上销售的皮具制品在设计和制作工艺上还存在哪些问题？

为学生提供的参考书目

《皮革工艺》 日文图书

相关时尚服饰类杂志及皮革制作网站论坛，是指导考察的重要依据。

单元作业

根据单元教学内容及任课教师通过多媒体教学、作品实物讲解、技法演示等方式的讲授，设计并完成一件或多件皮具。

单元作业要求

1. 作业要从简到难，开始做些简单的卡包，熟练后再做钱包和挎包，尺寸自定。

2. 作业要体现作者的设计观念和实用性。

3. 完成的作业版型规整大方、做工精致，实用性强。

一、材料的类别与特性

在软装饰艺术的综合表现中，随着设计观念的不断发展开拓，所用材料的范围越来越宽泛，越来越多的新材料和新技术都在以新的形式和表现方法融入软装饰艺术作品中，极大地丰富着软装饰设计的艺术形态。从传统的纸、木、布、纤维等逐渐拓展到金属丝、陶瓷、化学纤维、光导纤维等（图6-1）。随着人们环保意识的增强，高科技绿色、环保、节能的材料也日益受到艺术家的关注。就常用的软装饰材料的类型和加工角度来看，可以分为以下两大类别。

1.天然材料类

天然材料是天然形成的，在没有经过加工或者稍作加工的情况下就可以使用的材料，其性能、纯度有地域差异，是手工工艺常常采用的上乘材料。天然材料又可以分为有机材料和无机材料。有机材料如木材、树叶、竹子、绢丝、棉、皮毛革、麻等，或以这些有机材料为原料再稍作加工的材料，如纸、棉线、麻布、皮革等，这些材料取自大自然，色泽自然协调，将其作为装饰材料会给人以朴实亲切、自然舒适、亲和力强的感觉。无机材料如鹅卵石、黏土等，其中鹅

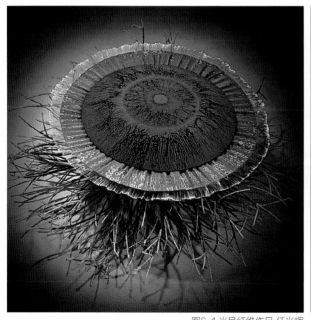

图6-1 光导纤维作品 任光辉

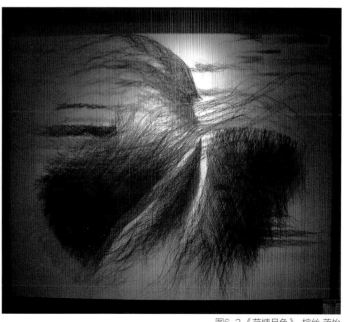

图6-2《荷塘月色》 棕丝 蒋怡

图6-3 《肢与指》树枝 乔恩斯·莱蒂

卵石没有完全相同的形象，颜色也不统一；黏土没有固定的形象，可根据装饰设计的需要任意取舍，因此这类材料在作品中表现会给人以真实、质朴的感觉。（图6-2～图6-5）

2. 人工材料类

人工材料相对于天然材料来说，不是自然界直接存在的，需要经过人为加工或者合成才形成的材料。它是多种技术、多种学科和新型工艺交叉结合的产物，如玻璃、合金、塑料、人造革、马赛克、陶瓷、合成纤维等。玻璃从视觉上来说，具有透光透视的性能，作为装饰材料，给人丰富多变的感觉；合金类质感强烈、光滑、坚硬、耐磨且不易变形，能体现一种刚毅冷酷的现代气息；马赛克、陶瓷类的材料坚硬牢固，色彩的选择和肌理的塑造一定程度上能表达设计者的主观愿望，因此作为装饰的表现力也非常强。人造革是一种外观、手感似皮革并可代替其使用的塑料制品，通常以织物为底基，涂覆合成树脂及各种塑料添加制成，由于比真皮廉价，故大量地出现在软装饰作品中。（图6-6～图6-8）

图6-4 《无题》竹 上野真知子

图6-5 《远古流韵》皮 庄子平

图6-6《春天来临前的安静生活》加热黏合剂 帕得瑞斯·萨德雷斯

图6-7《心情》金属 塑料条 李鹤

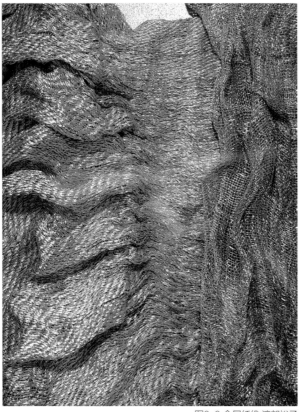

图6-8 金属纤维 渡部裕子

二、材料的质感表现

软装饰材料纷繁复杂，不同材料的质感会给人带来不同的心理感受和审美情趣。通常人们会通过视觉和触觉并引发相应的联想来体验材质的美感。装饰材料的质感具有生理属性和物理属性。生理属性是材料的表面给人在视觉和触觉上造成的效果，如厚薄、粗细、软硬、冷硬、干涩、柔滑等；物理属性是材料的功能、类别、价值等。我们在设计中要根据设计需求选取相应的材料进行质感表现，下面归纳一些有代表性的软质材料来说明其质感表现特点。

1.纤维材料的质感表现

软装饰艺术中采用的纤维材料主要包括植物纤维、动

物纤维以及化学纤维。植物纤维如棉纤维、麻纤维、木纤维等；动物纤维如毛纤维、丝纤维（蚕丝）等。纤维材料给人以天然、温暖、亲和、环保的感觉，符合现代人的生存观念和审美意识，因此成为艺术师们最为普遍的选择。纤维材料通过多种工艺，如编织、拼贴、镶嵌、印染、刺绣、绗缝等，可表现出多种不同的质感：或温暖柔软、或细腻优美、或轻薄透明、或纤细严谨、或粗犷厚重。目前，伴随新材料的开发和科技的进步，化学纤维拓宽了设计师的个性创意空间，由于化学纤维的特殊质感，在软装饰艺术中显示了独特的魅力。（图6-9～图6-14）

图6-9 羊毛编织

图6-10 拼贴缝缀

图6-11 印染绗缝

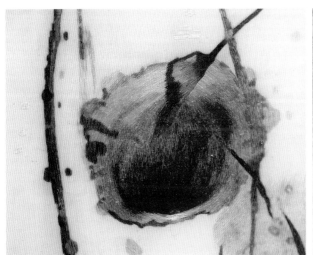

图6-12 刺绣 洪兴宇

图6-13 纤维造型 孙铁佳

图6-14 纤维造型 埃琳娜·奥斯瓦尔德（美国）

2.纸质材料的质感表现

纸质材料是以天然植物纤维为原料生产出来的，可以回收和降解，常被广泛运用在各类艺术创作中。目前纸的类型非常多，有的质地轻薄松软，吸水强；有的质地舒适自然，透气性好；有的光滑坚韧；有的朴素粗糙。由于技术的发展，纸的色彩也有很多选择，有的色彩炫目华丽，有的色彩柔和自然。总的来说，纸质材料既具有质地柔和，容易造型的共性特点，又具有以上所述的各自独立的个性特点。在装饰设计中，纸质材料的轻薄与厚重、光滑与粗糙、柔美与坚挺、古朴与典雅的丰富特征造就了设计者丰富的视觉、知觉体验，加之纸质材料可以运用各种手法进行装饰和裁切造型，方便且有好的表现效果，使之成为设计师、艺术家们表达自身感受和情感的最佳选择。（图6-15～图6-18）

图6-15 纸的造型1 李丽

图6-16 纸的造型2 刘媛媛

图6-17 纸的造型3

图6-18 纸的造型4 施惠

3.木质材料的质感表现

木质材料弹性好，韧性强，易开发，是天然材料中与人的关系最为密切的材料之一，加之容易加工造型，所以也是软装饰艺术中常常采用的一种材料。木质材料种类繁多，有的质地紧密坚硬，有的质地松脆；有的色泽深沉古雅，有的色泽浅淡素净；有的木纹明显，有的木纹若隐若现；有的木材沉重，有的木材轻巧。但所有木材不论轻重、粗细、长短、色泽纹理等，都能给人以朴素自然之感。

在装饰设计中，木质材料的质感表现虽然比较简便容易，但有时候，木质材料要经过一定的特殊处理后才能体现出理想的质感，如有的需要经过雕刻打磨，有的需要经过抛光处理，有的需要割锯和刨削，有的需要烘烤，有的甚至需要燃烧后才能展现其独有的材质之美。我们在实际表现时，一定要根据设计的需要进行正确的选择。（图6-19～图6-21）

图6-19 木的造型1 李超

图6-20 木的造型2 何青娟

图6-21 木的造型3 王志平

图6-22 金属造型1 杨佳艺

4.金属材料的质感表现

金属材料拥有坚硬的质地、外观富有光泽、良好的物理性能,不仅坚固耐久,而且质感丰富,被广泛应用在装饰设计中。它作为装饰材料,需经过加工成为板材或丝材,也可以加工成为很薄的箔,如金箔、银箔、铜箔、铝箔等;也可以在金属表面进行各种装饰技术的处理,如进行镀后再抛光能获得镜面效果,或者进行金属氧化着色、涂装等可获得丰富多彩的效果。目前装饰艺术中常用的金属材料有铝合金、太空铝、不锈钢等。此外,一些价值昂贵的金属如黄金、白金、银等,通过不同的加工技巧能更加突出其特殊的、诱人的质感,因此受到设计师们的大力推崇。(图6-22~图6-24)

图6-23 金属造型2 袁梦月

图6-24 金属造型3 具滋弘（韩国）

5. 塑料材料的质感表现

塑料是一种人工合成的造型材料，用途很广泛，如塑料家居用品、塑料玩具、塑料工业产品等，具有重量轻、价格便宜、色彩丰富、可塑性强、容易加工、可硬可软等诸多优势。塑料在工艺处理过程中加入其他成分，可以获得各种丰富的质感效果，如工程塑料（塑钢），在保持了塑料的优势之外，还具备了耐腐蚀、强度高的特点，它能代替钢材作为汽车、飞机的零部件；又如有机玻璃，本身无色透明，质感光洁犹如水晶，如再加入染料，就能制作出彩色有机玻璃。塑料的自由成型性和容易加工性使其能很好地满足广大设计师们的设计要求，因此备受装饰设计界欢迎。（图6-25～图6-26）

图6-25 塑料造型1 张茜

图6-26 塑料造型2 谈波

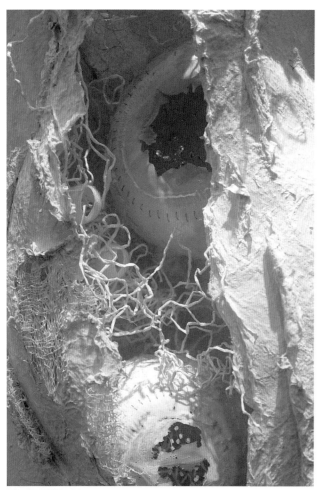

图6-27 视觉肌理1

三、材料的肌理表现

肌理是材料的主要特征，它是由天然材料自身的组织纹理结构或人为设计而形成的。在装饰设计中，肌理是一种基本的艺术语言表达形式，能传达出一定的审美意味，具有极强的艺术表现力。根据装饰材料表面形态的构造特征，肌理可分为自然肌理和人工肌理。自然肌理是材料本身固有的肌理，如树木断面上一圈圈的年轮、水面荡起的波纹、天空中翻滚的层层云海、月亮上面凹凸的火山坑等。人工肌理是通过各种方式人为设计制造出来的效果，装饰感较强，能丰富装饰作品的艺术感染力。肌理表现关联着人们心理的想象，是装饰设计艺术表现的重要手段之一，装饰材料的肌理表现极为丰富，总的来说可以分为以下两种类型。

1. 装饰材料的视觉肌理表现

视觉肌理指肉眼看得见的纹理，肌理的作用在于构成丰富的表面，给人在心理上产生一种美的感受。装饰材料的视觉肌理是通过材料表面的不同图形或纹样、不同色彩关系等形成的。

从材料的装饰图形或纹样方面来看，古今中外大部分装饰作品都采用了图形设计或纹样的装饰，相比无装饰的作品来说，图形或纹样就是视觉肌理的一种表现，图形或纹样通过一定的设计组合，其造型、分布的稀疏程度等都能构成视觉肌理的丰富性，能给作品增添极大的艺术感染力。(图6-27)

装饰设计中经常会借助材料表面不同的笔法来表现，这里的笔法可称作肌理，多指借用绘画中运笔的痕迹，如迅疾有力的运笔可表现奔放奋发的情绪，轻松跳动的运笔可给人愉快洒脱的感觉，凝重沉实的运笔给人朴厚或坚定的感觉等。这样的视觉肌理能表现出一种特别的效果，给人在心理上产生一种强烈印象。(图6-28)

从材料的色彩关系来看，同一种材料的不同色彩组合，或一种材料表面颜料的稀薄或厚重、色彩的多少或浓淡都能形成不同的肌理美感，如中国戏剧脸谱、青花瓷器、漆艺的色彩变化都是一种视觉肌理的表现，能带给人们丰富多元的视觉体验，带给人精神上的愉悦和满足。(图6-29)

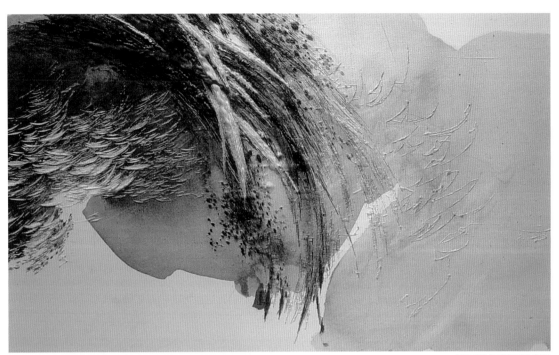

图6-28 视觉肌理2 刺绣

图6-29 视觉肌理3 漆器

图6-30 触觉肌理1 木雕

2. 装饰材料的触觉肌理表现

触觉肌理是指经过触摸材料表面得到的不同心理感受，如或凹凸不平、或平坦滑顺、或纵横交错、或粗糙斑驳、或光润疏松等。在装饰设计中，通过材料的触觉肌理表现能让人产生想象的空间，给人以强烈的视觉冲击力和美的感受。装饰材料的触觉肌理表现可以从两方面进行，一方面是利用材料原本的肌理结合设计思想进行表现，如天然木材、石材、纤维等；另一方面是对材料的表面进行合理的加工处理，如通过涂、喷、镀、贴、粘、缝、烧、刻、打、磨、镶、编、织、缠等手段进行处理。目前，追求表现触觉肌理成为装饰艺术表现的重要手段之一，它是设计师的艺术思想与材质的融合，因此能增加作品的亲和力，激发人们对作品内涵的深层理解。（图6-30～图6-32）

图6-32 触觉肌理3 竹编

图6-31 触觉肌理2 木、布、线等综合材料

四、制作范例

范例1

作品：《融·熔》
作者：张海东、王薇
材质：涤纶金银线、纸板、木板
技法：缠绕、拼贴
尺寸：240cm × 120cm × 2
时间：2008年

作者身在异乡工作，常怀念北方家乡的冬天：在月光的映照下，屋檐下的冰柱闪着晶莹的光；除夕夜响彻夜空的鞭炮，把天都染成了红色。作品《融·熔》，便是基于作者对家乡春节的印象而设计的。因为这一组作品都是要表现光感的视觉效果，所以选用了带有金属光泽的化学纤维材料。在制作上比以往更精细，制作底板——包布上色涂漆、纸板缠线、组合粘贴，在制作方式上保留了以往作品中的个人风格，在色彩和构图上又是一次全新的自我突破。

作品获2008年"从洛桑到北京"第五届国际纤维艺术双年展金奖。 （图6-33～图6-37）

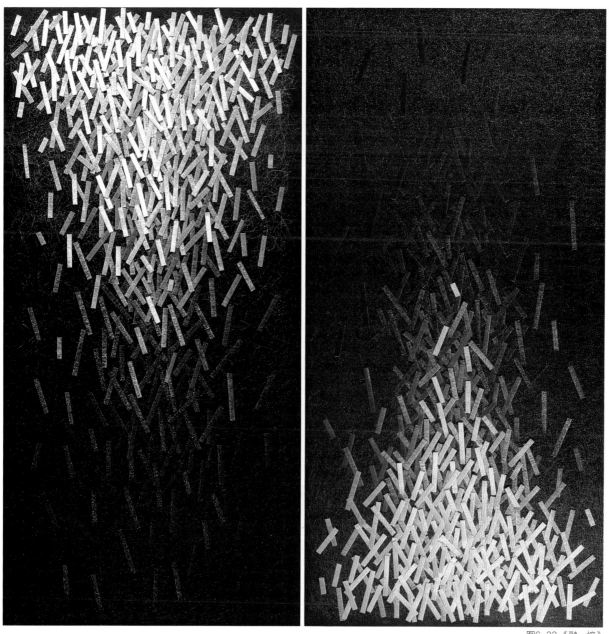

图6-33 《融·熔》

图6-34 制作过程

图6-35 作品细节1

图6-36 作品细节2

图6-37 作品细节3

范例2

作品：《潮》系列

作者：张海东

材质：涤纶银线、纸条、大头针

技法：缠绕、塑型、钉装

尺寸：120cm×140cm

时间：2004年

　　《潮》系列作品最初是作者以化纤材料表现具有金属质感的尝试。作品的灵感来源于波光粼粼的水面，银色纤维的光泽表现出阳光闪耀的湖面。以柔软的纤维创造出金属的钢性质感，形成一种刚与柔的对比与融合，营造传统浪漫的同时，表现出一种冷冽的现代美感。

　　作品入选"第十届全国美术作品展"；获"从洛桑到北京"第三届国际纤维艺术双年展优秀奖。（图6-38～图6-41）

图6-38 《潮》

图6-40 《金叶》制作1

图6-39 《2006·夏》

图6-41 《金叶》制作2

图6-42 《水墨风景》

图6-43 《水墨风景》局部1

图6-44 《水墨风景》局部2

范例3

作品：《水墨风景》

作者：任光辉

材质：树枝、毛线、聚氯乙烯

技法：缠绕、组装

尺寸：66cm×66cm×180cm

时间：2006年

作者自述：记得十几年前，年少的我第一次走进大学校园，满眼的丁香树盛开着粉色的花，给了我无限的浪漫幻想。十几年后的今天，我的梦想再次从这里游历出来，这种梦想既带有对往事的追忆，也带有对精神生命的向往。当冬日来临之时，万物萧条，丁香的芬芳和绿色早已荡然无存。那裸露的丁香树依然屹立在寒风中，是那样的顽强。春天来了，这次丁香树却没有带给我葱茏的绿色和醉人的花香，它逝去了，仿佛把我的梦想也带走了。我不忍心它被人当柴火烧掉，于是我把它带回工作室，染了羊毛线亲手将丁香的树枝一根一根地缠绕起来，我是那样地投入，常常缠绕到深夜，静谧的夜晚它带给我的是一种前所未有的快意。我把用黑白毛线精心缠绕好的丁香树枝一一排列整齐，形成了有虚实、浓淡变化的梦幻般的效果，再装置成几组水墨的风景，以表达对生命转瞬即逝的无限伤感。时光的瞬息变化并没有带走丁香的芬芳，它永远停留在我的记忆中。

我的导师清华大学美术学院林乐成教授对我的作品评价道："纤维艺术家任光辉的大型系列纤维装置作品《水墨风景》，取中国水墨之意象，借树枝自然之形态，再将黑白羊毛线在树枝上进行缠绕，形成了有虚实、浓淡变化的梦幻般的晕染效果，构成了一道立体的水墨风景。作品试图将中国传统的文化符号转换成当代人所熟悉的环境和样式，以表达时光的瞬息变化，追逐自然万物轮回的永恒。"我近几年一直在尝试由现代媒材的借用而转换传统文化语义的探索，以唤起人们对中国传统文化在现代化进程中的反思。

作品获2006年"从洛桑到北京"第四届国际纤维艺术双年展金奖。（图6-42～图6-45）

图6-45 《时光的记忆》

范例4

作品：《弦音》
作者：刘辉
材质：录音磁带、包装带、金属丝
技法：钩针、编织、组合
尺寸：1170cm×25cm×120cm
时间：2008年

磁带，作为承载一个时代记忆的载体，是20世纪用途最广的一种记录方式。那载录着一首首感染作者心灵的异国曲调的磁带，印证着作者的成长历程。作者不是将磁带这种现成品材料进行简单的堆砌，而是运用磁带柔软的特性，采用编织、钩针等手段将其组织在一起，使其产生新的生命力，给人以美的享受。也把人们带入了那个流金岁月的年代，勾起了几代人的无限回忆。（图6-46、图6-47）

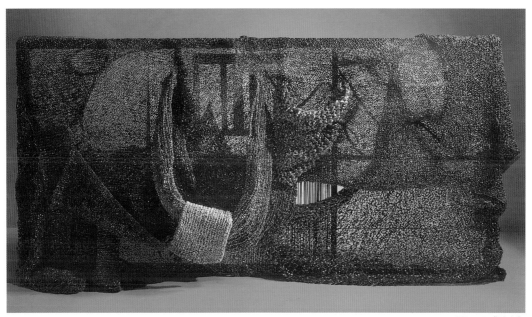

图6-46《弦音》

图6-47《弦音》局部

范例5：

作品：《大暑小寒》

作者：张茜（四川美院2009级工艺美术系学生）

材质：树枝、布

技法：缝合、包裹、组合

尺寸：200cm×70cm

时间：2013年

作品主要想表达我对重庆的印象——重庆的气候，夏日炎炎与冬日微寒。这幅作品体现了我在重庆四年的最直观的感性接触，还有对树枝这种材料的运用也是我对于母校校园生活的记忆（校园里满山遍野的枯落的树枝），是这个校园给了我创作的灵感，布料的使用是所学纤维课程带给我的兴趣，用手工的方式呈现作品，是对传统的回归。

作品的表达形式是以简洁的红蓝对比调作为主色调，再加以色彩的丰富变化，强调主观感受，将其典型化、抽象化。主要体现于明暗冷暖的变化，并拉开明暗层次，运用好过渡色。红色调表现酷暑时节热浪上扬，重点在于红色中的亮色表达了白热化的夏季，从而达到明显而突出的效果。蓝色调的画面表达微寒的冬季，并使冷色调的构图与暖色调错开形成均衡的画面效果。以树枝为媒介，将具有各种色彩花纹的布料以手工缝制的方式对树枝进行装饰处理。对材料进行创造性的使用，让材料本身具有独立性，而不是单单作为一个从属的地位被画面掩盖。纤维材料发挥着自身得天独厚的性能优势。将思想单纯化，而不同于绘画艺术那样有宏大的场面和丰富的思想内涵，更加注重形式和外在的美。（图6-48～图6-51）

图6-48《大暑小寒》

图6-50 作品细节1

图6-51 作品细节2

图6-49 作品制作

范例6

作品：《本·质》

作者：刘丹（四川美院2010级工艺美术系学生）

材质：线、铁丝、纽扣

技法：缠绕、缝缀、粘贴

尺寸：120cm×120cm

时间：2014年

作品《本·质》是把天然材料再次加工然后组合的表现形式。首先用麻布在底板上做出褶皱的肌理，麻布本身的质感和肌理感给人一种朴实、密集、亲切的感觉。然后将毛线缠绕的树杈由疏到密地排列粘贴，以半立体的形式体现出错落的层次感。整个画面以一幅抽象装饰画的效果呈现在人们眼前。画面反映了自然现象变化的规律性，单元素的不规则的排列组合使画面比较自由，又具有节奏感、运动感，增强了视觉上的清晰度，丰富了画面，呈现出一种生命在不断繁衍和生长的韵味。作品获"四川美术学院2014届学生毕业作品展"新秀奖。（图6-52～图6-56）

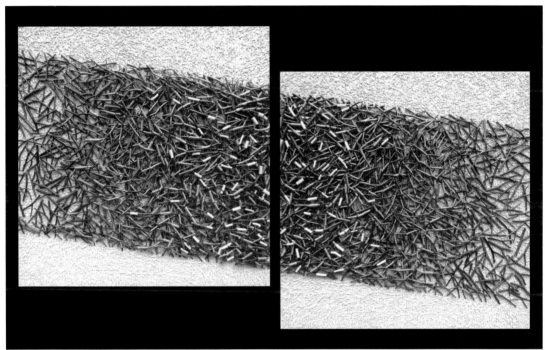

图6-52

图6-53

图6-54

图6-55

图6-56

范例7

作品：《蓝调》

作者：谢莉娅（四川美院2012级工艺美术系学生）

材质：皱纹纸、无纺布、纽扣

技法：缠绕、粘贴

尺寸：60cm×100cm

时间：2013年

作品《蓝调》是纤维综合材料在平面上塑造的半立体类作品。

创作灵感来源于大海里自由、无约束的海浪。作品运用了粘贴和缠绕的手法。在材料的选择上，作品的高处即是被激起的浪花，采用皱纹纸，将所需的各种颜色的皱纹纸裹成柱体，按需要的高度、颜色紧密排列粘贴，整个浪花就是由这些柱体的横截面组成的。由浪花转向海面的地方用的是无纺布，把各色无纺布剪成斜坡状排列，与浪花的部分相衔接，表现出浪花高处与海面低处的急转而下。海面的部分是用各种线质材料缠绕排列组成的，其中被激起的彩色的水点是由各色的扣子组成的。作品以海浪为主题，海浪是大海奏起的乐章，是她自由、无约束的舞蹈，以音乐中的"蓝调"为它命名，借以表达蓝调精神中的自由、乐观、无约束的精神意义。　（图6-57～图6-59）

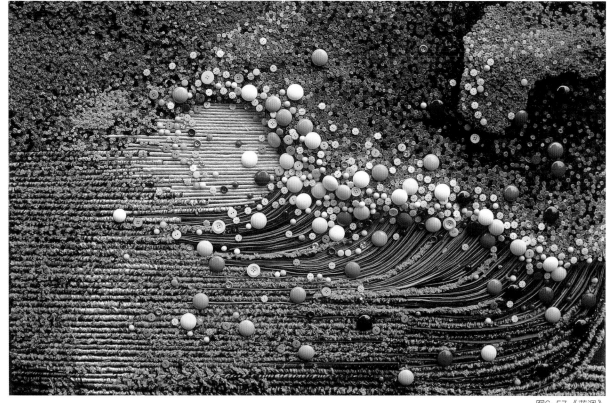

图6-57《蓝调》

图6-58 作品制作1

图6-59 作品制作2

范例8

作品：《思绪》

作者：郑伟（四川美院2011级工艺美术系学生）

材质：立德粉、乳白胶、丙烯颜料、尼龙绳、毛线、松针

技法：铺底、缠绕

尺寸：160cm×120cm

时间：2013年

该作品是用综合材料来表达思维情绪的表现形式。每个人都有自己的情绪和思维，而每个人的情绪和思维都错综复杂，每时每刻都在不断地变化与更新，有时高兴，有时沉闷，有时清晰，有时杂乱。这都是在不同状态下的不同表现。正如同作品当中所呈现的线条，它们长短不一、粗细各异，花纹颜色都有所区别，有的颜色深沉、有的颜色鲜亮，表现了思绪的不同状态。各种材料的综合运用，丰富了作品的视觉效果。（图6-60～图6-62）

图6-60《思绪》

图6-61《思绪》局部

图6-62 作品制作

图6-63 《交错》

图6-64《交错》局部1

图6-65《交错》局部2

范例9

作品：《交错》

作者：欧阳萤雪（四川美院2011级工艺美术系学生）

材质：毛线、PC塑料管

技法：编织、缠绕

尺寸：160cm×85cm

时间：2013年

作品选用了新型材料的组合，重点强调中间部分，选用毛线和PC塑料管的结合，用一种重复向上或向下的造型来突出，这种元素形成了一种语言符号，在两幅作品中相互交错，对照呼应。整幅作品像是一扇打开的门，这种造型赋予了整幅作品新的寓意。作品分为4个层次：第一层用平编的技法制作；第二层用栽绒的方法，修剪出起伏变化，突出浅颜色的渐变，越靠近外围修剪得越整齐，产生对比；第三层是中间的区域，是运用围巾的针法编出来，在里面加入填充物，形成坡度；第四层是在第三层上的叠加，先用毛线在塑料管上缠绕，然后粘接，最后根据画面构成再进行有序排列。（图6-63～图6-65）

范例10

作品：《漩动》

作者：潘越（四川美术学院2011级工艺美术系学生）

材质：麻线、布

技法：粘贴、塑型

尺寸：70cm×100cm

时间：2014年

这幅作品主要表现线的流动感。先用布在底板上塑造出高低起伏的面，然后在这些面上拼贴螺旋、弯曲和直行的线。螺旋代表波涛汹涌，直线代表平静的水面，高低起伏体现出水的流动，和日本园林枯山水有异曲同工之妙。颜色以白色为主，淡蓝色给人一种似枯山水般静谧的感觉，使人仿佛置身于山水间。（图6-66～图6-71）

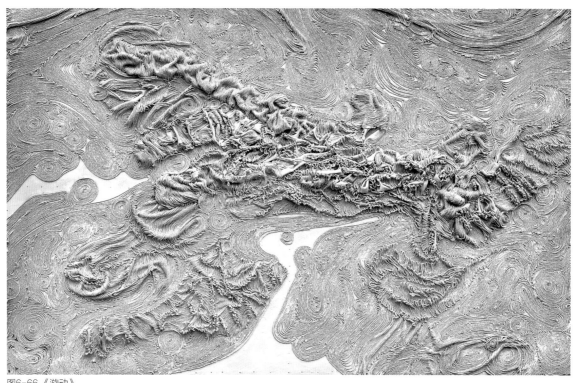

图6-66 《漩动》

图6-67 作品制作中

图6-68 作品制作中

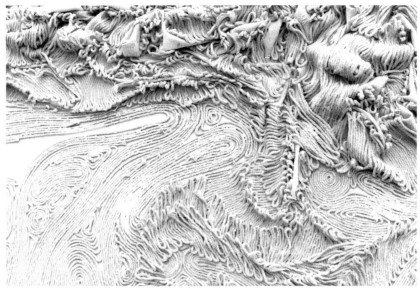

图6-69 《漩动》局部1

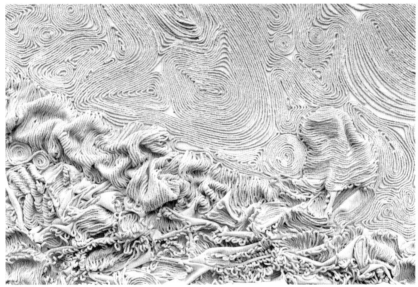

图6-70 《漩动》局部2

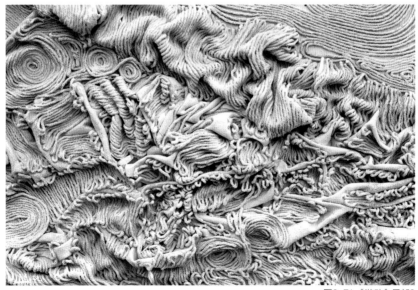

图6-71 《漩动》局部3

小结要点

综合表现课程是所有课程中课时最长的。这不仅是因为这门课是对之前几门课程中所学工艺的总结，更因为它最大程度上体现出了软装饰艺术教学的特点——创作思维上的跨领域与材质工艺上的综合性。

为学生提供的思考题

1.探讨综合表现中有哪些材料和技法。

2.探讨在综合表现制作中最易出现的问题。

3.思考如何在综合表现制作中融入自己个性化的表达。

4.综合表现和前面所学几种工艺相比，最大的优势在哪里？

5.结合大师作品，分析材料和工艺的综合运用。

学生课余时间的练习题

1.总结周围建筑环境中的综合表现作品。

2.讨论在其他艺术门类中综合材料和技法的运用。

为学生提供的参考书目

《纤维艺术》 林乐成，王凯著 上海画报出版社

《纤维艺术设计》 徐时程编著 中国建筑工业出版社

"从洛桑到北京"国际纤维艺术展历届展览画册

单元作业

根据单元教学内容及任课教师通过多媒体教学、作品实物讲解、技法演示等方式的讲授，设计并完成一件综合表现作业。

单元作业要求

1.注重画稿设计的思考过程。

2.作业要体现作者的设计观念。

3.完成的作业视觉效果好、做工精致，材料和技法综合运用。

附文：软装饰艺术的实践性教学探索总结

软装饰艺术是一种既传统又新潮的艺术表现形式。最近十几年来，随着这门艺术在国内的蓬勃发展，目前有50多所艺术高校相继开设了相关艺术专业。四川美术学院在积极推进教学改革的过程中，将软装饰艺术教学与工作室制度相结合，加强了教学课程的连贯性，课程设置循序渐进，取得了很好的教学效果和社会影响。

一、教学理念

软装饰艺术是一门集知识、能力、素质和创新思维培养于一体的综合性工艺美术与艺术设计专业实践课程。通过课程教学，着重培养学生善于用材料思考，勤于动手提高制作能力，使学生体会到"动手有功"这句中国民谚的深刻内涵，感知"动手"对于"人"的生命成长意义。正如著名美学家朱光潜先生所说："审美活动本身不只是一种直观活动，而主要地是一种实践活动；生产劳动就是一种改变世界实现自我的艺术活动或人对世界的艺术掌握。"软装饰艺术实践性教学注重材质、注重技艺，实际上是以"超越物质和技术的自觉文化意识去看待并增进这种既强调物质又强调技术性的艺术实践或艺术形式的人文价值"。

二、教学特色

本课程在四川美术学院属于艺术类工作室制实践性教学。注重学科发展建设，坚持教学与应用结合，是工作室实践性教学的思路；因材施教、言传身教是工作室实践性教学的根本；善于动手、勤于劳作，是工作室实践性教学的状态；学科互补、专业互动与学术资源共享是工作室实践性教学的模式。通过教学与科研成果的显示，本课程正在转化为我国当代艺术手工文化产业研发新产品的设计资源，成为面向社会、面向大众、面向国际的具有人文价值的精神产品。

三、教学成果

四川美术学院纤维艺术工作室成立至今，一直荣誉不断。教师作品在国际纤维艺术双年展上夺得金奖和铜奖，学生作品入选2008年"从洛桑到北京"第五届国际纤维艺术双年展并获优秀奖，这些成绩是对工作室教学工作的肯定。纵观教学的方方面面可以看到：课程的环环相扣，有利于教学计划的顺利展开，而紧紧抓住综合教学为核心的课程设置，不仅开拓了学生的创作思维，也让他们在学习过程中体验到手工劳动所带来的快乐。

和其他门类的艺术创作相比，软装饰艺术的创作极具灵活性。编织、刺绣、皮艺等工艺，不需要特殊的场地，甚至可以随身携带，而所需的材料和工具设备也并不昂贵且容易获得。这一特性不但有利于学生在课后的继续学习和自我提高，也有利于鼓励学生学以致用，将艺术创作与创业实践结合起来。

随着软装饰艺术在国际和国内的发展，其市场前景也愈发广阔。而纤维艺术工作室也在积极地将教学实践与社会实践相结合。一方面，鼓励学生走出校门，深入民间，了解西南独特的工艺品种及特色，在创作中能够从中得到启发。而国家的西部大开发政策为以重庆为龙头的西南地区发展提供了前所未有的大好机遇，将西南地区的艺术特色通过艺术创作的方式表现和推广，也是实践教学的重要内容。另一方面，鼓励学生经常进行市场调研活动，走出象牙塔，真正了解市场需求和受众品位，创作适合现代建筑和居室的现代纤维饰品，以市场实践来刺激艺术创作，使艺术教育、艺术创作与市场实践走上一条良性循环的道路。

参考文献

[1]林乐成，王凯著.纤维艺术[M].上海：上海画报出版社，2006.

[2]张夫也著.外国工艺美术史[M].北京：中央编译出版社，1999.

[3][英]爱德华·卢西·史密斯著.世界工艺史[M].朱淳译.北京：浙江美术学院出版社，1993.

[4][日]西村浩一著.日本纤维艺术[M].浸浸堂出版株式会社，1994.

[5]黄丽娟著.当代纤维艺术探索[M].台湾：艺术家出版社，1997.

[6]任光辉.纤维艺术设计与制作[M].石家庄：河北美术出版社，2009.

[7]陈立著.刺绣艺术设计教程[M].北京：清华大学出版社，2005.

[8]王建萍著.拼布基础入门[M].上海：东华大学出版社，2009.

[9]王受之著.世界现代建筑史[M].北京：中国建筑工业出版社，1999.

ART & DESIGN SERIES

图书在版编目（CIP）数据

软装饰艺术设计与制作 / 张海东，文红编著. -- 重
庆：西南师范大学出版社，2015.8
ISBN 978-7-5621-7545-2

Ⅰ．①软… Ⅱ．①张… ②文… Ⅲ．①室内装饰设计
—教材 Ⅳ．①TU238

中国版本图书馆CIP数据核字（2015）第179185号

新世纪版／设计家丛书
软装饰艺术设计与制作　张海东 文红 编著
RUANZHUANGSHI YISHU SHEJI YU ZHIZUO
责任编辑：袁 理
整体设计：汪 泓 王正端
排　　版：重庆大雅数码印刷有限公司
出版发行：西南师范大学出版社
地　　址：重庆市北碚区天生路2号　　　　邮政编码：400715
本社网址：http：//www.xscbs.com　　　　电话：(023)68860895
网上书店：http：//xnsfdxcbs.tmall.com　　传真：(023)68208984
经　　销：新华书店
印　　刷：重庆康豪彩印有限公司
开　　本：889mm×1194mm 1/16
印　　张：8
字　　数：219千字
版　　次：2015年12月 第1版
印　　次：2015年12月 第1次印刷
ISBN 978-7-5621-7545-2
定　　价：45.00元

本书如有印装质量问题，请与我社读者服务部联系更换。读者服务部电话：(023)68252507
市场营销部电话：(023)68868624 68253705

西南师范大学出版社正端美术工作室欢迎赐稿，出版教材及学术著作等。
正端美术工作室电话：(023)68254657(办) 13709418041(手) QQ：1175621129